*Cyflwynir y gyfrol hon
er cof am Evan John Griffith,
a lafuriodd i grynhoi
y mwyafrif o'r atgofion.*

Cynnwys

Rhagair

Pan agorwyd Ysgol Amaethyddol Madryn yn Llŷn ym mis Mehefin 1913 yn ganolfan breswyl ar gyfer addysg amaethyddol, hi oedd y gyntaf o'i bath yng Nghymru. Mewn dim o dro fe gyfeirid at y sefydliad fel Coleg Madryn a bu'r coleg yno hyd at 1952 pan symudwyd i safle newydd ym mhlasty Glynllifon. Er bod llawer tro ar fyd (a threfniadaeth addysg bellach) ers hynny, y mae'r coleg, yn ei hanfod, yn bodoli yng Nglynllifon o hyd. Bwriad y gyfrol hon yw olrhain hanes y sefydliad arloesol ym Madryn, trwy gyfrwng amrywiol ffynonellau'r cyfnod, gan gynnwys atgofion rhai a fu'n fyfyrwyr yno.

Yn nechrau'r 1980au roedd Mr Evan John Griffith, a fu'n fyfyriwr ei hun ym Madryn rhwng 1933 ac 1934 ac a fu'n ddarlithydd ar arddwriaeth yng Ngholegau Madryn a Glynllifon rhwng 1948 ac 1979, wedi mynd ati i ofyn i rai a fu'n fyfyrwyr yn y ddau goleg ysgrifennu eu hatgofion, a chafodd ymateb brwd i'w gais. Gan mai llyfr am Goleg Madryn yw'r gyfrol hon, nid ydym wedi cynnwys atgofion o gyfnod Glynllifon gan obeithio y daw cyfle efallai i wneud hynny ac i ychwanegu atynt yn y dyfodol. Rydym wedi cynnwys enwau a chyfeiriadau'r rhai a ysgrifennodd eu hatgofion fel y rhoddwyd hwy ganddynt o dan eu gwaith ac wedi ymdrechu i ychwanegu eu cyfeiriadau pan oeddent yn fyfyrwyr fel y'u cafwyd yng nghofrestrau Madryn. Mae ambell atgof yn ddienw o ddewis yr ysgrifennwr ac ambell un arall yn ddienw am nad oedd enw ar y copi. Mae ein dyled yn fawr i'r diweddar E. J. Griffith am fynd ati mor ddygn i gasglu'r holl atgofion at ei gilydd. Derbyniwyd ambell gyfraniad mewn cyfnod diweddarach ac fe'u hychwanegwyd at y casgliad. Er nad oedd pob un o'r cyfranwyr wedi cynnwys y dyddiadau pan oeddent ym Madryn ceisiwyd gosod yr atgofion mewn trefn amseryddol cyn belled ag yr oedd hynny'n bosibl. Hoffem ddiolch yn fawr i bawb a gyfrannodd eu hatgofion – mae'n drueni na wireddwyd breuddwyd E. J. Griffith o'u cyhoeddi dros 30 mlynedd yn ôl, ond hyderwn y bydd y cynfyfyrwyr sy'n parhau yn ein plith a theuluoedd y gweddill yn gwerthfawrogi bod y gwaith yn gweld golau dydd o'r diwedd.

9

Cyflwyniad

ADDYSG AMAETHYDDOL

'Mi ddysgais gan fy nhad / Grefft gyntaf dynol ryw;' oedd geiriau Alun Mabon yng ngherdd Ceiriog o'r un enw, ac felly, o dad i fab yn bennaf, y trosglwyddwyd y ddawn o drin y tir – o 'wneud y gors / Yn weirglodd ffrwythlon ir' – trwy'r cenedlaethau am ganrifoedd lawer. Er hynny, sylweddolid bod rhaid meithrin y ddawn o amaethu a gwelwyd cyhoeddi llyfrau i'r perwyl hwnnw a sefydlu Cymdeithasau Amaeth sirol o ddiwedd y ddeunawfed ganrif ymlaen i hybu gwell amaethu. Fodd bynnag, bu dirwasgiad amaethyddol yn negawdau olaf y bedwaredd ganrif ar bymtheg. Roedd y diwydiannau trymion yn ffynnu drwy addysg dechnegol ond roedd amaethu yn methu a sylweddolwyd bod angen addysg dechnegol mewn amaethyddiaeth hefyd. Y cam cyntaf oedd hyfforddi rhai a allai hyfforddi eraill. Pan sefydlwyd Coleg Prifysgol Cymru, Aberystwyth yn 1872 cafwyd cyfres o ddarlithoedd ar Egwyddorion Amaethyddiaeth. Yn dilyn sefydlu Coleg Prifysgol Gogledd Cymru ym Mangor yn 1884 roedd pwyslais o'r dechrau ar ddarlithoedd allanol, a'r rhai mwyaf trawiadol oedd darlithoedd J. J. Dobbie ar Agricultural Chemistry, a gyflwynid trwy gyfrwng cyfieithydd. Pan sefydlwyd y Bwrdd Amaeth yn 1889, rhagflaenydd y Weinyddiaeth Amaeth, roedd ganddo gyllid o £5000 i ddarparu addysg amaethyddol o dan Ddeddf Hyfforddiant Dechnegol 1889. Sefydlwyd Adrannau Addysg ym Mangor ac Aberystwyth ac roedd arian y Bwrdd Amaeth yn galluogi'r prifysgolion i ddarparu darlithoedd a dosbarthiadau allanol, megis dosbarthiadau gwneud menyn a chaws. Daeth yr hwb ariannol mwyaf, fodd bynnag, yn sgîl Deddf Trethiant Lleol (Tollau ac Ecséis) 1890 a nodai bod tollau alcohol i'w defnyddio tuag at ddarparu addysg dechnegol ac amaethyddol. Canlyniad y 'whiskey money', fel y cyfeirid ato, oedd rhoi arian i sefydlu colegau amaethyddol.

Pan sefydlwyd Ysgol Amaethyddol yn hen blasty Madryn yn 1913 roedd rhyw bedwar neu bump o golegau cyffelyb yn Lloegr eisoes, ond Madryn oedd y cyntaf yng Nghymru. Dilynwyd Madryn yng Nghymru gan Lysfasi, Sir Ddinbych yn 1919, Brynbuga, Sir Fynwy yn 1923, a Phibwr-lwyd, Sir Gaerfyrddin, yn 1926.

SEFYDLU COLEG MADRYN

Daeth yr hyn a oedd yn weddill o stad Madryn yn Llŷn i feddiant Cyngor Sir Gaernarfon ym 1910. Y bwriad gwreiddiol oedd fod yr hen stad i ddod i ben yn derfynol dan forthwyl yr arwerthwr yn Neuadd y Dref, Pwllheli ar yr 28ain o Fehefin y flwyddyn honno. Erbyn hynny, 2,522 o erwau oedd yn weddill o stad a fu yn ei hanterth yn mesur dros 10,000 o erwau, stad a berthynai i hen deulu o uchelwyr Rhyddfrydol, Cymreig. Yr enwocaf o'r teulu, mae'n debyg, oedd Thomas Love Duncombe Jones Parry (1832-1891), a ddaeth yn Aelod Seneddol Rhyddfrydol Sir Gaernarfon trwy drechu'r ymgeisydd Torïaidd, mab sgweiar y Penrhyn, yn etholiad 1868, pan oedd trefn pleidleisio yn dal yn bleidlais gyhoeddus. Yr un gŵr oedd y Capten Love Jones Parry a ymunodd fis Ionawr 1863 gyda Lewis Jones ar ei ymweliad â Phatagonia fel rhan o'r ymchwil i'r posibilrwydd o sefydlu gwladfa Gymreig yno, ac ar ôl ei gartref ef y galwyd y fan lle glaniodd y fintai gyntaf oddi ar fwrdd y Mimosa yn 1865 yn Borth Madryn. Gan fod stad Madryn wedi ei morgeisio'n drwm bu'n rhaid cynnal un ocsiwn sylweddol ar rannau ymylol y stad yn 1886, yn ystod oes Love Jones Parry ei hun, un arall ymhen deng mlynedd, pan oedd ei chwaer ym meddiant y stad am ei hoes hi, a'r olaf, yn 1910, yn dilyn marwolaeth eu cefnder, etifedd olaf y stad. Yng nghatalog yr ocsiwn olaf hon, yn ogystal â nifer o ffermydd a thyddynnod yng nghanol gwlad Llŷn, roedd plasty Madryn ei hun yn cael ei gynnig ar werth, gyda'i barc a'i ffermdir a'r ardd furiog fawr. Ni chynhaliwyd yr ocsiwn, fodd bynnag, gan i Bwyllgor

Mân-ddaliadau Cyngor Sir Gaernarfon ddod i gytundeb â goruchwyliwr y stad ychydig ddyddiau ynghynt. Prynwyd y cyfan ac eithrio ffermydd Glan-rhyd, Meillionen, a Fronheulog am £45,200. Byddai hynny yn diogelu'r tenantiaethau yn ogystal â rhoi cyfle i'r tenantiaid a ddymunai hynny allu prynu eu ffermydd eu hunain o dan Ddeddf y Mân-ddaliadau, 1908.

Bwriad y Pwyllgor Mân-ddaliadau ar y dechrau oedd gwerthu plasty Madryn ei hun, neu Gastell Madryn fel y cyfeirid ato ers canol y ganrif gynt, ac yn ôl y wasg yn lleol clywid sôn yn Llŷn 'fod Cymro Americanaidd yn bwriadu prynu Castell Madryn gan y Cynghor Sir' ond daethpwyd i'r casgliad mai si ddi-sail oedd honno.

Adroddwyd ymhellach yn y wasg ym mis Awst, 1910 bod Pwyllgor Addysg Sir Gaernarfon wedi awgrymu'r 'priodoldeb o ddefnyddio y castell fel lle i ddysgu amaethyddiaeth'. Ysgrifennydd y Pwyllgor Addysg ar y pryd – swydd a fyddai'n cyfateb i Gyfarwyddwr Addysg mewn cyfnod diweddarach – oedd Evan R. Davies, cyfreithiwr o Bwllheli, gŵr gweithgar a fu'n rhoi arweiniad cadarn a blaengar ers ei benodi i swydd yr Ysgrifennydd pan sefydlwyd y Pwyllgor Addysg Sirol gyntaf yn dilyn Deddf Addysg 1902. Enghraifft o'i flaengarwch oedd ei awydd i weld sir Gaernarfon y sir gyntaf yng Nghymru i sefydlu ysgol

13

amaethyddol o'r fath. Sefydlwyd Is-bwyllgor o blith aelodau'r Pwyllgor Addysg a Phwyllgor y Mân-ddaliadau i drafod y posibiliadau. Yr amod oedd na fyddai unrhyw bwys ar drethi'r sir.

Bu cryn drafod ar y cynllun yn y wasg ar y pryd. Er bod cefnogaeth amlwg i'r cynllun, fe geir awgrym bod difrawder ymysg rhai a gwrthwynebiad gan eraill, yn enwedig felly ymysg trethdalwyr trefol. I'r perwyl hynny, y mae'n ddiddorol mai testun Evan R. Davies wrth annerch cynulleidfa yn Ysgoldy Penlan, Pwllheli ym mis Tachwedd 1910 oedd 'Addysg Amaethyddol, Paham y Mae Prydain ar ôl i Wledydd Eraill'. Yn ei araith gwelwn bod Evan R. Davies yn ŵr o flaen ei oes ac mae'n werth dyfynnu'n llawn o'r erthygl yn *Y Gwyliedydd Newydd*, 15 Tachwedd 1910:

Dywedai nad oedd Prydain Fawr, gwlad ag ynddi 33 o filiynau o boblogaeth, a'r un nifer o aceri o dir, yn gwario ond £12,800 ar addysg amaethyddol. Yr oedd Llywodraeth yr America yn gwario miliwn a chwarter o bunnau, Ffrainc dros filiwn, a Hungary yr un modd. Ond yn Denmarc y ceid y dadblygiad a'r cynydd mwyaf rhyfeddol yn y cyfeiriad hwn. Nid oedd yno ond ychydig fwy o boblogaeth na Chymru. Ond cyfranai y Llywodraeth £285,000 ar addysg amaethyddol. Yr oedd llawer yn cael ei wneud o Ddeddf y Mân-Ddaliadau a'r Cynghorau Sirol yn prynu etifeddiaethau eang, yn eu tori i fyny yn fân-ddaliadiau, ond ni byddai hyn ond ofer os na cheid cynllun o addysg i oleuo yr amaethwyr. Yr oedd Sir Gaernarfon yn gwario £80,000 ar addysg yn flynyddol, mwy chwe' gwaith nag a waria y Llywodraeth ar addysg amaethyddol trwy yr oll o Brydain, a'i brofiad ef (Mr Davies) ar ôl saith mlynedd gydag addysg yn y sir ydoedd mai ychydig iawn o ôl y pedwar ugain mil oedd ar y plant. Yr oedd yr amser wedi dod i gysylltu ein cyfundrefn addysg a bywyd ymarferol (cymeradwyaeth). Wedi'r cwbl, asgwrn cefn masnach eu sir oedd amaethyddiaeth. Dygid i'r wlad hon y llynedd gwerth chwe miliwn a hanner o bunnau o dda byw, 24 miliwn o ymenyn, 11 miliwn o ffrwythau etc., cyfanswm can' miliwn o bunnau, am bethau y gellid eu cynyrchu yn y wlad hon. Yr oedd gwlad fach fel Denmarc, ychydig fwy na Chymru, wedi anfon gwerth £24,274,000 neu werth deg punt ar gyfer pob un o'i phoblogaeth. Gallai amaethwyr Lleyn fwrw eu cynyrchion yn marchnadoedd Llundain a Lerpwl mewn un diwrnod tra y cymerai ddau ddiwrnod i Denmarc wneyd hyny. Nid oedd yn Denmarc ond pobl gyffredin, o ran moddion, yn byw. Ond pobl gyffredin a wnaethant eu meddwl i fyny ddeugain mlynedd yn ôl eu bod am ail ddechreu byw oeddynt. Sefydlodd gyfundrefn o addysg a chyfarwyddyd mewn amaethyddiaeth yn y wlad, deffrôdd ei Llywodraeth i'r pwys o ddysgu y bobl sut i drin eu tir a magu a bridio eu hanifeiliaid, etc. Syfydlodd y Llywodraeth nifer o gymdeithasau cydweithredol grymus.

Eglurodd Mr Davies ymhellach y posibilrwydd sydd i gael digonedd i gadw teulu o ddaliadau bychain ond eu trin yn briodol. Yn Essex, codai dyn werth £240 o lysiau o acer o ardd. Ac yr oedd yn gywilydd gwyneb fod cymaint o lysiau, ffrwythau, a phob math o gynyrchion amaethyddol yn dod i dref Pwllheli o leoedd eraill ar gyrion gwlad fawr a chynyrchiol Lleyn. Aeth Mr Davies ymlaen i ddangos y pwys o ddysgu y plant yn egwyddorion cydweithrediad ac amaeth-yddiaeth ymarferol, fel y gallai y genhedlaeth a ddêl amaethu y tir – nid wrth reol y fawd, ond wrth ddeddf, ac eglurai nad oes yr un rhan o wlad a chymaint o bosibilrwydd ynddi yn yr ystyr yma a Lleyn. Ac ond datblygu Lleyn yn briodol, deuai Pwllheli yn un o'r marchnadoedd pwysicaf yn yr holl wlad ac yr oedd angen cyd-ddealltwriaeth a chyd-weithrediad rhwng y dref a'r wlad. Yr oedd yn bosibl y cymerid symudiad pwysig yn y sir hon i'r cyfeiriad yma cyn bo hir.

Bu llythyru cyson rhwng Pwyllgor Addysg Sir Gaernarfon, dan ysgrifenyddiaeth Evan R. Davies, a'r Bwrdd Amaeth a Physgodfeydd yn Llundain yn gofyn am ganiatâd i sefydlu ysgol ym Madryn i ddysgu amaethyddiaeth. Ar Fawrth 20, 1912 ymwelwyd â'r fan gan dri Arolygwr ei Fawrhydi, Mr Bruce, Mr John Owen a Mr John Roberts. Roeddent yn cydnabod bod angen darpariaeth ar gyfer addysg amaethyddol yn Llŷn ond teimlid fod Madryn yn anghysbell a thybed a ellid sefydlu ysgol yn rhywle a fuasai'n fwy canolog i wasanaethu cylch mwy eang na Sir Gaernarfon yn unig. Byddai'n bosib, meddent, i arbrofi trwy sefydlu ysgol ym Madryn heb fynd i ormod o gostau fel y gellid, os na byddai llwyddiant ar ôl cyfnod digonol o amser, roi Madryn yn ôl ar y farchnad. Atebwyd eu pryderon gan Evan R. Davies ac yn y man llwyddwyd i gael y maen i'r wal a chafwyd nawdd o 75% gan y Bwrdd Amaeth tuag at y costau sefydlu a hyd at 50% y costau cynnal a chadw blynyddol.

Ym mis Chwefror 1913 penododd y Pwyllgor Addysg Mr Richard H. Evans, B.Sc. yn brifathro. Roedd yn frodor o'r sir, yn fab Melin Llecheiddior, Bryncir, ac wedi derbyn ei addysg yn Ysgol Garndolbenmaen ac yng Ngholeg Prifysgol Gogledd Cymru, Bangor. Cyn ei benodi yr oedd wedi treulio chwe blynedd yn Ddirprwy Gyfarwyddwr a darlithydd mewn Amaethyddiaeth yng Ngholeg Prifysgol Reading.

Dewiswyd athrawon eraill i Fadryn yn 1913. Penodwyd Mr A. D. Turner yn athro Garddwriaeth a Miss R. M. Evans, Ffynnon Fair, Llanbedr-pont-steffan yn athrawes i ddysgu gwaith llaethdy, cadw ieir a choginio. Canfuwyd yn fuan ei bod yn amhosibi iddi hi drafod tri phwnc a rhoddwyd cyfrifoldeb yr ieir i Mr John Rowlands, Pwllheli a oedd wedi ei benodi'n rhan amser i hyfforddi sut i ofalu am wenyn.

Agorwyd Ysgol Amaethyddol Madryn yn swyddogol gan y Gwir Anrhydeddus Walter Runciman, A.S., Llywydd y Bwrdd Amaeth ar yr 21ain o Fehefin, 1913. Cafwyd cinio yng Ngwesty'r West End ym Mhwllheli am chwarter-wedi-deuddeg gydag aelodau'r Cyngor Sir a phrif swyddogion yn cael gwahoddiad hefyd ond iddynt dalu tri swllt yr un. Cyflwynwyd 'allwedd aur' i'r agorwr cyn iddynt deithio ar draws gwlad Llŷn tuag at Fadryn. Fel hyn y cofnodir yr hanes yn *Yr Udgorn*, 25 Mehefin 1913:

AGOR YSGOL AMAETHYDDOL MADRYN.
Y GYNTAF O'I BATH YN NGHYMRU

Ddydd Sadwrn diweddaf bu'r Gwir Anrhydeddus Walter Runciman, A.S., Llywydd Bwrdd Amaethyddiaeth, yn agor yr Ysgol Amaethyddol yn Nghastell henafol Madryn, yr ysgol gyntaf o'i bath yn Nghymru. Yr oedd y tywydd yn nodedig o ddymunol, a daeth rhai miloedd o bobl i'r fangre brydferth ar yr achlysur dyddorol. Yr oedd Mr

Ellis W. Davies, A.S., a Mr E. T. John, A.S., yn bresenol, ynghyd a rhai o aelodau blaenaf y Cyngor Sir a Phwyllgor Addysg y Sir. Llywyddwyd y gweithrediadau gan Mr J. Jones Morris (cadeirydd Pwyllgor y Mân-ddaliadau).

Dywedodd Mr Runciman fod yn bleser mawr ganddo gyhoeddi Ysgol Amaethyddol Madryn yn agored. Amcan Ysgol o'r fath, meddai, oedd nid darpar lleoedd da i wyddonwyr na swyddi i ysgolfeistriaid, ond i ddarpar addysg i ffermwyr ieuainc, a'u gwragedd, eu meibion a'u merched. Sefydlid hi er cyflenwi gwybodaeth i'r ffermwyr bychain, fel y gallont drin eu tir yn well a magu gwell anifeiliaid. Gwyddai yr edrychid ar sefydliad o'r fath gan rai gyda llygaid amheus, ac y dywedid fod 'owns o brofiad yn well na thunell o wyddor'. Ond os na chymerai y ffermwyr fantais ar yr hyn a ddygid i'r goleu gan wyddonwyr ynglyn ag amaethyddiaeth, collent rai o'r bendithion mwyaf a gynyrchid gan wyddoniaeth. Yn Ysgol Madryn i ddechreu ceid cwrs o addysg i athrawon ysgolion elfenol, a deallai fod yr holl leoedd wedi eu cymeryd i fyny hyd ddiwedd Awst. Ar ôl i'r athrawon fyn'd yn ôl i'w hysgolion yna deuai tymor yr hydref, pryd y deuai dynion ieuainc yno am gwrs byr, a dysgent yno yr hyn a gymerai iddynt oes i'w ddysgu ar y fferm – y gwahaniaeth

rhwng gwrtaith sal a gwrtaith da. Dysgent hefyd
pa gynyrch dyfai oreu ar bob math o dir. Dysgent
hefyd sut i edrych ar ôl eu hanifeiliaid, a chaent
wersi gan fil-feddyg ynglyn ag edrych ar ôl ceffylau
a phethau eraill. Yna byddai cwrs ar gyfer
genethod ieuainc i'w dysgu sut i drin llaeth ac
ymenyn, a'r modd i gadw ieir, a'r ffordd oreu i
wneud iddynt dalu. Yr oedd swm yr ymenyn a
ddygid o'r Iwerddon i siroedd Lloegr yn cynyddu
bob blwyddyn, a'r rheswm am hyny oedd fod yn yr
Iwerddon ysgolion i ddysgu genethod i drin
ymenyn ac nid oedd yr un eneth yn foddlon i'w
hymenyn fod yn is na'r safon. Yr hyn ellid ei wneud
yn yr Iwerddon ellid ei wneud hefyd yn Nghymru.
Nis dywedai neb fod yr ymenydd Cymreig yn
wanach na'r ymenydd Gwyddelig. Yr oedd yn
gobeithio y byddai meibion a merched ieuainc
amaethwyr yn manteisio ar yr addysg oedd wedi ei
ddwyn i'w cyraedd, ac y byddent drwy hyny yn
codi safon amaethyddiaeth yn y wlad. Ar ei daith
trwy ran o Leyn y diwrnod hwnw gwelodd lawer
iawn o dir heb ei drin. Yn Holland, neu Belgium,
neu Denmark, byddai llathen ysgwar o dir heb ei
drin yn cael ei gyfrif yn bechod. Gobeithiai y deuai
yr amser cyn bo hir pan yr edrychid arno felly yn
Nghymru hefyd, a phan y byddai yr amaethwyr yn
cael ei lawn werth allan o'r tir yr oeddynt yn byw
arno.

Sylwodd Mr Ellis W. Davies, A.S., fod agwedd Bwrdd Amaethyddiaeth wedi cyfnewid yn fawr er's pan y daeth Mr Runciman i'w sefyllfa bresenol Yr oedd boneddwr nas coleddai yr un golygiadau gwleidyddol wedi dweyd wrtho ef yr edrychai y ffermwyr ar Mr Runciman fel y llywydd goreu fu gan y Bwrdd er's ugain mlynedd.

Dywedodd Mr R. M. Greaves nad oedd arbrawfion ynglyn a gwybodaeth amaethyddol o unrhyw fudd os na ddeuai yn wybodaeth gyffredinol. Ar y goreu nid oedd Ysgol Madryn ond arbrawf. Gobeithiai y byddai yn llwyddiant, ond cyn y gallai fod yn llwyddiant rhaid oedd iddi gael y gefnogaeth briodol.

Dywedai Mr E. T. John, A.S., y cytunai ef a Mr Runciman nad oedd crebwyll y Cymro yn israddol i eiddo'r Sais a'r Gwyddel. Ond nas gellid disgwyl iddo wneud cymaint gyda thair mil y flwyddyn pan yr oedd yr Iwerddon ac Ysgotland wedi bod yn derbyn tros ddau can' mil. Rhaid oedd i'r Cymry gael yr un telerau a'r cenhedloedd eraill.

Caed anerchiadau pellach gan Mr Gomer Roberts, Cadeirydd Cyngor Sir Dinbych; Mr R. E. Jones, Llanberis, Cadeirydd Cyngor Sir Caernarfon, a Mr Daniel Jones, Brynodol.

Yn ôl y prosbectws cyntaf roedd yr ysgol yn mesur

118 o erwau, gan gynnwys gerddi o 3½ erw. Roedd y plasty yn cynnwys llety ar gyfer 30 o fyfyrwyr, darlithfa fawr, llyfrgell ac ystafell ddarllen, labordai ac amgueddfa. Roedd yr adeiladau ger y plasty yn addas ar gyfer amrywiol feysydd llaethyddiaeth, cadw ieir a Gwyddor Tŷ (yn cynnwys Coginio a Golchi).

Yn dilyn agor Ysgol Amaethyddol Madryn yn swyddogol, y cwrs cyntaf a gynhaliwyd yno oedd ysgol haf i athrawon, gyda chyrsiau ar arddio, astudiaethau natur, cadw dofednod, cadw gwenyn a gwaith coed. Bu dau a deugain o athrawon yno yr haf cyntaf hwnnw. Yr haf canlynol roedd yno hanner cant ac yn rhifyn 27 Awst, 1914 o'r *Brython* y mae un ohonynt yn cofnodi'n fanwl a diddorol yr hyn a gyflawnid yno.

Barnwyd bod yr adroddiad yn werth ei ychwanegu fel man cychwyn ar gyfer yr atgofion a gasglwyd ynghyd ar gyfer y gyfrol hon.

Ysgol Amaethyddol Castell Madryn

MAE Sir Gaernarfon wedi rhagori yn amlwg ynglŷn ag addysg elfennol a chanolradd. Sir Gaernarfon yw'r cyntaf yng Nghymru (os nad yn y deyrnas) i sefydlu ysgol fel hon. Ac ni fuasai modd i'r Pwyllgor Addysg gychwyn y symudiad rhagorol hwn onibae i'r Cyngor Sir brynu'r Castell a'r ystad perthynol iddo tua blwyddyn yn ôl. Saif y Castell wrth odre Garn Fadryn, tua chwe milltir o Bwllheli, a rhwng dau fôr – sef bae Caernarfon un tu, a bae Ceredigion y tu arall. Mae'r adeilad ar lannerch dlos, mewn coedwig eang. Cynnwys ddeuddeg ystafell ar lawr, ac un ar bymtheg i fyny. Gellir gosod saith o welyau yn amryw ohonynt. Yma y trigai y diweddar Syr Love Jones-Parry. A chyda llaw, ymwelodd cefnder iddo – y Rear-Admiral Jones-Parry – â'r lle y dydd o'r blaen. Y mae ef yn awr dros ei bedwar ugain oed. Ganwyd ef ym mhentref Edeyrn, ac y mae'n gydnabyddus iawn â Madryn er yn ieuanc. Cymer ddiddordeb mawr yn yr Ysgol. Balch iawn oedd pan welodd nad oedd y Cyngor Sir wedi cyfnewid fawr ddim ar yr hen balasty.

Y pythefnos ddiweddaf, bum yn aros ym Madryn gyda llu o athrawon Sir Gaernarfon a siroedd eraill. Daethent yno am hyfforddiant mewn Garddio, Astudiaeth Natur, Gwenyn, a Dofednod. Cawsom wersi rhagorol, a hyfforddiant diail. Yr oedd hanner cant ohonom yma ar y pryd. O'r nifer hyn yr oedd dros 30 o Sir Gaernarfon deuai y lleill o siroedd Fflint, Dinbych, Môn, Meirionydd, Penfro, a Morgannwg. Rhennid y dosbarth yn dair adran. Tra byddai un adran yn cael gwersi mewn garddio, byddai'r adran arall yn brysur gyda'r gwenyn, tra'r rhelyw gyda'r ieir a'r hwyaid. Y prifathro yw Mr R. H. Evans B.Sc., gŵr dirodres a hynaws odiaeth. Un o fechgyn Eifionydd yw efe, a chyn ei apwyntiad i Madryn, llanwai swydd bwysig yng Ngholeg y Brifysgol yn Reading. Cymerai ef un o'r adrannau mewn tir-fesuriaeth. Allan yn y gwres yn cael aceriaeth cae oddeutu 10 acer! Cawsom gyfle rhagorol i ragori yn y gangen werthfawr hon. Adran yr efrydwyr hynaf yn unig oedd yn dilyn y Prifathro. Tra'n cofio, gwell dweyd fod y dosbarthiadau yn parhau bob dydd o naw hyd un ar gloch. Gofelid am y garddio gan Mr A. Turner, gŵr ieuanc medrus yn y gwaith, ac yn brofiadol o anawsterau tyfu popeth yn yr ardd. Yn swydd Essex yr oedd ef cyn dod yma, yn athro Garddwriaeth o dan Bwyllgor Addysg y Sir honno. Mr Howells, gŵr ieuanc o Lundain; newydd ei apwyntio yn athro yng Ngholeg Normalaidd Bangor, ofalai am ddosbarthiadau Astudiaeth Natur. Buom drwy gaeau a thros gloddiau lawer, yn chwilio am y llysieuyn hwn ac arall. Doniol iawn oedd gweled Jones o _____ yn ceisio darbwyllo Roberts o _____ mai nid y Goesgoch oedd rhyw lysieuyn neilltuol. Cawsom bleser mawr yn dilyn cyfarwyddiadau Mr Howells, er dod yn hyddysg yn y gwahanol fathau o laswellt geir hyd ein meysydd ac ar ochrau ein ffyrdd. Cawsom drem dda hefyd ar y mathau o laswellt sydd o werth, etc. Yr oedd pob un ohonom yn rhoi'r llysiau, etc., o dan oruchwyliaeth ddwfn-dreiddiol y chwydd-wydr. Yr oedd _____ o Drefriw yn hoff iawn o syllu 'mewn syndod' ar rywbeth beunydd trwy'r chwyddwydr! Pan ddigwyddai fod yn wlyb iawn, ceid darlithiau yn un o ystafelloedd eang y Coleg. Ond buom yn ffodus iawn i gael tywydd neilltuol o hafaidd. Rhy boeth weithiau, nes byddai raid i ŵr o Ddeiniolen dynnu ei got! Cymerai Mr John Rowland y dosbarth mewn magu da pluog. Y mae ef yn hen law mewn magu ieir a hwyaid, a difyr ac adeiladol oedd ei glywed yn dweyd rhagoriaethau a diffygion yr Orpingtons, y Wyandottes neu'r Leghorns. Atebai gwestiynau roddid iddo yn hwylus a chlir. Cawsom wers unwaith yn y chicken house, lle mae cywion yn cael eu deor trwy wres celfyddyd. Y gwres-fesurydd o hyd tua 102 i 103 o raddau. Yr oedd Mr Morgan o _____ yn cymeryd nodiadau llawn yn y cysylltiad hwn. Yn y prynhawn, o ddau hyd dri, yr oedd yr holl efrydwyr yn ymgynnull ynghyd i wrando anerchiad ar ryw bwnc diddorol gan Mr Turner, neu gan Mr Howells. Gwelsom duedd hepian mewn rhai fwy nag unwaith. Ond ni chaent fawr heddwch, gan fod _____ Gwytherin yn gwylio'i gyfle o hyd. Cyn ymadael, cawsom eglurhad diddorol ynglŷn ag amryw bethau parth gwneud ymenyn a chaws gan Miss R. M. Evans, N.D.D., athrawes mewn Coginio, Gwneud Ymenyn, etc. Treuliasom bythefnos ddifyr ac adeiladol yma, ac nid y lleiaf diddorol oedd y gwersi gawsom ynglŷn â'r Gwenyn. Buom yn tynnu'r diliau o'r cychod, ac yn cael y mêl allan, yna dychwelyd y diliau'n ôl. Ofnai rhai ohonom gael pigiad! Gwelsom Williams o _____ yn trin ei friw unwaith! Y mae y dull diweddar o drin y gwenyn yn llawer gwell na'r hen ddull. Creaduriaid diwyd, onite? Yr oedd cwch o wydr mewn un man, lle gallesid gweled y gwenyn yn prysur wneud y mêl.

Dyna gipdrem bach ar ein hanes dyddiol ym Madryn. Ar ôl te yr oeddym yn rhydd i fyned am dro i'r wlad, a manteisiem lawer ar y rhyddid hwn. Elai rhywun yn ddyddiol i Bwllheli er cael y newyddion diweddaraf o'r rhyfel. Ai eraill draw i Nefyn, etc. Ar ôl swper, byddai'r efrydwyr yn brysur yn darllen y newyddiadur, neu rhyw lyfr o'r llyfrgell, yn ymwneud gan mwyaf ag amaethyddiaeth. Caed tri neu ragor o gyngherddau; a chan fod perdoneg yn yr ystafell, caed aml gân dda, a chydgan fywiog gan y parti meibion. Ar y Sul, elai nifer fawr i Eglwys Llandudwen. Y prynhawn a'r hwyr, cyrchai'r efrydwyr i Gapel Dinas, neu'r Graigwen. Yn aml gwelid nifer yn ymlwybro tua Cheidio neu Nefyn. Un bore Saboth gwlyb, caed gwasanaeth yn y Castell. Nid yw'r uchod ond rhan fechan o waith yr Ysgol. O fis Hydref, am tua pum mis, bydd nifer fawr o ffermwyr ieuainc ac eraill yn cymeryd diddordeb mewn ffermwriaeth, etc., yn dod i Fadryn am gwrs addysg. Rhoddir gwersi mewn amaethyddiaeth, megis trin y tir, hadau, glaswellt, gwenyn, mesur tir, anifeiliaid ar y fferm, Ilysieuaeth, ffrwythau, yr ardd, cadw cyfrifon y fferm, dofednod, saernïaeth berthynol i fferm. Yna o Ebrill ymlaen am oddeutu deng wythnos bydd dosbarthiadau cyfyngedig i ferched. Bu cynifer a thair ar hugain yma ddechreu'r tymor hwn, yn ymwneud yn bennaf â gwaith y llaethdy, a chadw da pluog. Hefyd tua'r Pasg diweddaf bu adran A o'r efrydwyr (tua 30) yma am wythnos yn cael y gwersi cyntaf mewn garddio. Yn fuan wedi iddynt ymadael, daeth pump ar hugain o efrydwyr y Coleg Normalaidd, Bangor, yma i dreulio pythefnos yn yr Ardd ac Astudio Natur. Felly gwelir fod yr Ysgol hon wedi cychwyn yn ardderchog. Mae'r ardd yn werth i'w gweled. Mae tua thair acer, ac ynddi dai gwydr rhagorol, a thŷ i'r garddwr. Y mae'r Pwyllgor Addysg i'w llongyfarch ar feddu man mor fanteisiol. Mae dosbarthiadau mewn saernïaeth o dan ofal gŵr medrus yn y gwaith, sef Mr T. W. Thomas, ac ystafell gymwys i gario y gwaith ymlaen. Hefyd mae Mr G. J. Roberts, F.R.V.S., yn rhoi gwersi mewn meddygaeth anifeiliaid. Pe bai rhywun eisiau mwy o fanylion am yr Ysgol ceir pob hysbysrwydd ond anfon at y Prifathro neu yr ysgrifennydd, Mr E. R. Davies, Swyddfa Addysg, Caernarfon. Mae rhywun yn ymweled â'r lle beunydd. Y dydd o'r blaen, bu Cyfarwyddwr Addysg Sir Middlesex yno ac yn cael hanes y gweithrediadau. Diau fod yr Ysgol yn gaffaeliad mawr i addysg, a chredwn yn gadarn fod dyfodol disglair i wawrio ar amaethyddiaeth Cymru. Unwaith yr arloesir y tir yn iawn daw ffrwyth llawn ac addfed. Hyderwn yn fawr y bydd i do ieuainc Cymru fanteisio ar y cyfle rhagorol hwn. Am y trefniadau, y bwydydd, etc., nid oes gennym ond pob canmoliaeth. Cartref oddicartref yng ngwir ystyr y gair fu Madryn i ni. Ystyriwn y telerau hefyd yn rhesymol ddigon.

J.G.T.
Y Brython, *27 Awst, 1914*

Y Blynyddoedd
Cynnar

Breuddwyd Mr Evan R. Davies oedd y syniad o gael Coleg Amaethyddol i Sir Gaernarfon. Roedd Mr Davies yn ddyn doeth a'r gallu ganddo i weld ymhell i'r dyfodol. O ganlyniad i hyn sefydlwyd canolfan i ddysgu amaethyddiaeth. Cyn hynny cynhelid cyrsiau yn y sir ar gyfer y merched i ddysgu gwneud menyn a chaws. Roedd Madryn hefyd yn rhoi hyfforddiant i athrawon ysgol. Er bod Mr Evan R. Davies wedi rhoi cychwyn i'r symudiad ni chafodd lawer o gefnogaeth gan y Cyngor Sir, ac o ganlyniad aeth y Prifathro yn fwy o Ysgweiar nag athro amaethyddol.

Roeddwn yn adnabod rhai o'r efrydwyr cyntaf fel Mr David Williams, Hendre, Aberdaron a Mr W. R. Williams, Cefnwerthyd oedd yno yn 1914.

Roedd gennym ni fel teulu gysylltiad â stâd Madryn gan fod hen daid i mi wedi bod yn oruchwyliwr i'r Admiral Love Jones Parry. Mae ambell i lyfr yma wedi ei arwyddo ganddo fel anrheg i fy nain.

Yn 1919 yr euthum i Madryn, ac rwyf yn cofio'n dda

29

pan aeth Mam â mi yno. Roedd y 'narrow gauge railway' yn gweithio o Ffestiniog a thramiau yn cael eu tynnu gan geffylau o Bwllheli i Lanbedrog. Y rhan fwyaf o efrydwyr yr adeg honno oedd bechgyn wedi dychwelyd o'r rhyfel ac yn awyddus i gael gwaith yn yr awyr agored, y rhan fwyaf ohonynt yn Saeson ac ambell un wedi bod yn gysylltiedig â'r tir cyn gwneud y cwrs. Un ohonynt oedd Dowsing oedd wedi bod yn ben-garddwr cyn mynd i'r fyddin. Roedd yn ei ystyried ei hun yn awdurdod ar arddwriaeth.

Y darlithydd ar arddwriaeth oedd dyn o'r enw Mr Turner ac rwyf yn teimlo'n fwy dyledus iddo ef am agor fy meddwl nag i neb o'r darlithwyr eraill. Byddwn yn dod yn un o'r rhai uchaf ar restr yr arholiad ar arddwriaeth. Bu hyn yn siom fawr i Dowsing, ond dim ond ar bapur yr oeddwn i yn curo.

Yn y cyfnod pan oeddwn i ym Madryn roedd apêl wedi mynd allan i gynorthwyo Tom Nefyn i fynd i'r weinidogaeth, a phenderfynwyd ein bod yn rhoi swllt yr un at yr apêl, a dyna'r gwerth swllt gorau gefais i erioed.

Mr Rowlands oedd yn darlithio ar yr ieir a'r gwenyn, fferyllydd oedd wedi bod yn cadw siop ym Mhwllheli. Roedd yn gymeriad diddorol ac annwyl iawn ac yn uchel ei barch. Byddai'n gwisgo leggings lledr o dan ei drowsus yn y gaeaf, ac roeddwn yn methu deall sut roedd yn gallu gwneud hyn. Roedd yn cadw'r ieir ar ryw ddarn o dir uwchlaw yr ardd, ac yn y fan honno hefyd byddai'r ceirw gwyllt yn gorwedd yn aml iawn. Byddwn yn hoffi gweld y rhai hyn. O ganlyniad i'r ffaith eu bod yn gwneud difrod i gnydau oedd yn eiddo i'r ffermwyr oddi amgylch Madryn penderfynodd y Cyngor wadu mai eu heiddo hwy oedd y ceirw.

Y ferch oedd yn ymwneud â llaethyddiaeth oedd Miss Roberts (Mrs Watkins ar ôl priodi). Roedd yn ferch abl iawn ac yn ddarlithydd da. Byddai dau o'r efrydwyr yn mynd i separatio'r llaeth bob bore. Gan nad oeddwn erioed wedi gweld separator o'r blaen dywedodd fy mhartner oedd yn Sais wrthyf am droi'r handlen, a dyna fo'n rhoi ei geg dan y pig lle roedd yr hufen yn dod allan.

Mr Roberts Ffariar o Bwllheli oedd yn darlithio ar iechyd anifeiliaid a'r rhan fwyaf o'i ddarlithoedd wedi'u sylfaenu ar yr *Army Manual*.

Roedd cymeriadau diddorol iawn yn gweithio ar y fferm a chawsom amser hapus iawn hefo'n gilydd.

Ar ôl dod yn ôl i'r sir yma cymerais dipyn o ddiddordeb ym Madryn a Glynllifon. Bu i mi adnabod pum prifathro ac wrth fynd oddi amgylch gyda fy ngwaith cefais gyfle i ddod i gysylltiad â llawer o gynefrydwyr. Yn fy marn i rhoddodd Mr Isaac Jones a Mr W. D. Phillips gyfraniad enfawr i addysg amaethyddol, ac mae'r coleg wedi troi allan ddynion abl a galluog.

Keith Vaughan Ellis
Merchlyn, Henryd, Conwy (Mill Bank, Trefriw gynt)

31

Coleg Madryn

Ym mis Hydref 1923 y cychwynais ar gwrs yng Ngholeg Amaethyddol Madryn. Farm Institute oedd yr enw swyddogol arno yr adeg honno, ond i ni Coleg ydoedd, ac fel y deuthum i sylweddoli yn ddiweddarach Coleg ardderchog hefyd.

Roeddwn wedi bod adref ar y ffer am flwyddyn ar ôl gadael Ysgol Ramadeg Porthmadog, a chofiaf yn dda mai newydd orffen cael yr ŷd i'r ydlan yr oeddem cyn i mi ymadael. Roedd wedi bod yn haf gwlyb eithriadol, a bu raid agor ac ailrwymo llawer o'r ysgubau a hynny fwy nag unwaith.

Hefo bws Cae Lloi o Bwllheli yr euthum i Madryn – ia, bws, ond lorri cario blawd a glo oedd o ar ddyddiau eraill.

Er nad oedd lawer mwy na deng milltir o'm cartref, roedd i un oedd heb fod oddi cartref cyn hynny yn

YR ADEILADAU

Map a phedwar llun o blasty Madryn allan o gatalog arwerthiant 1910

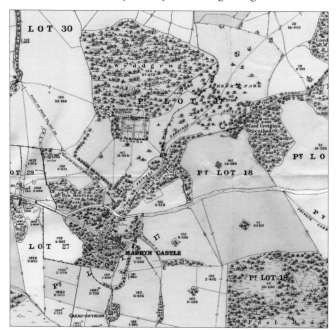

Y plasty a'r ffordd a âi heibio

33

Cyfeirid at y porthdy o flaen y plasty fel y "Tudor Lodge".

Yr iard uchaf ger talcen y plasty.

Yr ardd furiog, dros y ffordd a lled cae o'r plasty.

MADRYN CASTLE FARM SCHOOL.

Llun allan o brosbectws Coleg Madryn.

Parciau, tŷ a godwyd ar gyfer y prifathro yn 1938.
Cyn hynny roedd yn byw i mewn yn y plasty.

Gerallt a Thrigfan, tai a godwyd ar gyfer y gweithwyr yn 1938.

Y PRIFATHRAWON

R. H. Evans, Prifathro cyntaf Coleg Madryn, rhwng 1913 ac 1922.

Isaac Jones, ail brifathro Coleg Madryn, rhwng 1922 ac 1948.

D. S. Davies, prifathro olaf Coleg Madryn, o 1948 hyd 1952, a phrifathro cyntaf Coleg Glynllifon o 1952 hyd 1955.

GRWPIAU

*Llun a dynnwyd wrth y porthdy ym mis Awst 1913 – yn ystod Cwrs Haf
ar gyfer athrawon, o bosib.*

*Y prifathro a'r athrawon a rhai o aelodau'r Cwrs i Ferched yn eu dillad
gwaith. Ymddangosodd y llun gydag erthygl ar Goleg Madryn
yng nghylchgrawn* Y Gymraes *ym mis Ebrill 1918.*

38

Myfyrwyr 1937-8 gyda'r staff yn y rhes flaen – (o'r chwith) Gwilym Roberts (Dofednod); Evan Davies (Botaneg a Chemeg); Mrs Isaac Jones (Metron); Mr Isaac Jones (Prifathro); Miss Jones (Llaethyddiaeth); John Roberts (Garddio a Chadw Gwenyn).

Gweithwyr y tir ym Madryn gyda Merched Byddin y Tir yn ystod yr Ail Ryfel Byd

Myfyrwyr o'r 40au

Myfyrwyr o ddiwedd y 40au. Sylwer ar y cychod gwenyn tu ôl iddynt.

Staff a myfyrwyr 1948. Mr Evan John Griffith, y gŵr a aeth ati i gasglu mwyafrif yr atgofion ar gyfer y gyfrol hon, sy'n sefyll ar y dde yn y rhes flaen.

Myfyrwyr olaf Coleg Madryn, cwrs gaeaf 1951-52.

Y DARLITHOEDD

Gwers tir-fesuriaeth ym mlynyddoedd cynnar y Coleg.

Dysgu trin y tir, rhywbryd yn ystod y degawd cyntaf.

ADRAN Y DOFEDNOD

Y lleoliad cyntaf, yn y parc ym Madryn.

Mae'n bosib mai John Rowlands, y darlithydd, yw'r gŵr sy'n sefyll yng nghanol y llun yn ysgrifennu yn ei lyfr.

Yn y 1930au, yn y cae gyferbyn â Gerallt a Thrigfan.

Mr Gwilym Roberts (Wil Iâr), yn sefyll yn y canol, gyda myfyrwyr 1937-8

GARDDWRIAETH

Rhai o fyfyrwyr 1937-38 gyda'r darlithydd, Mr John Roberts.

Dyfrio, hofio a hel cwsberis.

DYSGU AMAETHU

Aredig yn y cae wrth yr ardd, 1936.

Criw o fechgyn yn gweithio gyda Mr Evan John Griffith, yr ail o'r chwith.

LLAETHYDDIAETH

Dosbarth godro.

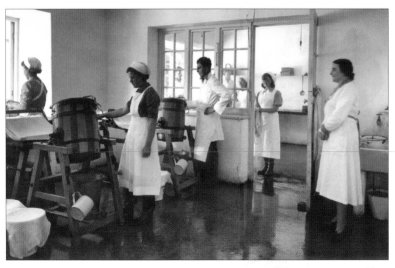

Dysgu corddi yn y llaethdy yn 1938, gyda 'Miss Jones y Dairy' ar y dde.

DIWEDDGLO

*Cafodd Madryn ei roi ar werth
gan y Cyngor Sir yn 1953.*

*Erys yr hen "Tudor Lodge", yn
swyddfa i'r maes carafanau sydd
ym Madryn bellach, ond mae'r
plasty wedi mynd. Bu'n wag ar ôl i'r
myfyrwyr adael yn 1952 ac erbyn
1969 roedd mewn cyflwr truenus.
Credai'r perchnogion bryd hynny ei
fod yn rhy gostus i'w adfer a
phenderfynwyd mai'r unig ddewis
oedd ei roi ar dân a'i chwalu.*

48

Dau ar bymtheg o gyn-fyfyrwyr Coleg Madryn a oedd ymhlith dros gant o gyn-fyfyrwyr Madryn a Glynllifon a ddaeth ynghyd yn 2013 i ddathlu can mlynedd o addysg amaethyddol. Rhes ôl (o'r chwith): Medwyn Williams, Nefyn; T.Rees Roberts, Cricieth; Ieuan W. Owen, Pentir; Bangor; O. J. Jones, Efailnewydd; J.P.Owen, Tudweiliog; Evan Hughes, Pontllyfni; Eirlys Jones, Efailnewydd; Rhian Owen, Efailnewydd; J. Cyril Jones, Mynytho; Ieuan O. Jones, Garndolbenmaen; Ellis Jones, Llaniestyn. Yn eistedd (o'r chwith): E. Glyn Roberts, Rhydyclafdy; George Williams, Bontnewydd; W.O Griffith, Llangian; J. Aled Griffiths, Amwythig; Evan Williams, Abererch; Ellen G. Jones, Cricieth

49

Coleg Glynllifon, 1957-8

siwrnai faith. Pan gyrhaeddais roedd yr hen gastell yn codi rhyw arswyd arnaf, yn enwedig pan roddwyd fi mewn ystafell yn y tŵr, ond buan iawn y diflannodd yr arswyd wedi i mi ddechrau cymysgu â'm cyd-fyfyrwyr – Cymry ond dau sef un o Iwerddon a'r llall o Chile, ac roedd pedair merch yn ein plith.

Y Prifathro oedd Isaac Jones, gŵr hynaws a charedig ac eto cryf iawn ei gymeriad, ac fel y gwelais wedyn darlithydd penigamp a disgyblwr cadarn ond eto heb fod yn llym. Roedd hefyd yn ddyn crefyddol a chariai yr arferiad ysgol o gynnal gwasanaeth byr bob bore.

Bûm dan brifathrawon eraill ar ôl hynny ond doedd yr un ag y mae gennyf fwy o barch iddo nag Isaac Jones. Mae gennyf barch mawr i'r darlithwyr eraill hefyd – Edwin Jones, John Rowlands, Miss Roberts (Mrs Watkins, Trygarn ar ôl hynny), Mr Roberts y milfeddyg o Bwllheli a Daniel Owen, saer coed, y ddau olaf yn dod yno ddiwrnod neu ddau bob wythnos i ddarlithio i ni ar eu pwnc neilltuol. Mrs Isaac Jones oedd y 'Matron', ac roeddwn yno adeg geni eu mab, Gwyn.

O edrych yn ôl, roedd cwrs Madryn yn un eithriadol o dda. Nid yn unig roedd yn rhoi sylfaen gadarn i ni mewn gwyddoniaeth amaethyddol, milfeddygaeth a gwaith llaethdy, ond roedd hefyd yn gwrs ymarferol mewn crefft amaethyddol. Gan fod patrwm amaethu wedi newid er y dauddegau, roedd cwrs Madryn dipyn gwahanol i'r un a geir yng Nglynllifon heddiw – er enghraifft, doedd peiriannau ddim agos mor bwysig ag ydynt heddiw. Byddai raid i ni godi'n fore i odro a gwneud gwaith arall ar y fferm.

Gallai fod yn bur galed ar adegau. Mae un achlysur yn sefyll allan yn fy meddwl, cael fy anfon hefo dau neu dri arall i dynnu swêds ar fore oer, a'r barrug yn drwch gwyn ar y dail. Wrth handlio pob swedsen yn unigol, eu glanhau a thorri'r dail, cofiaf yn dda fod fy nwylo bron yn ddideimlad cyn canol y bore.

Yn sylfaenol yr un oedd y cwrs ag un Glynllifon heddiw, ond prin iawn oedd yr adnoddau, megis labordai a gweithdai. Serch hynny, roedd y darlithoedd yn benigamp.

Prin hefyd oedd y cyfleusterau cymdeithasol o fewn a thu allan i'r Coleg. Roedd tua saith milltir i Bwllheli, a dim ond un bws ar ddydd Mercher a dydd Sadwrn sef yn ffodus ein pnawniau rhydd, a manteisiai'r rhan fwyaf ohonom ar y cyfle i fynd i'r dref. Ar wahân i hyn aros i mewn fyddai raid ar wahân i fynd am dro hefo'r beic.

Nid oedd hynny'n poeni gormod arnom. Llwyddem i ddifyrru ein hunain gyda sgwrs, ambell i gêm bêl-droed a gemau eraill tu mewn, ond roedd cardiau'n cael eu gwahardd. Roedd yno 'common room' ond nid bob amser y gellid ei defnyddio gan fod llygoden fawr wedi marw yn y simdde, a phob tro y gwneid tân roedd arogl anhyfryd iawn yn ein gyrru oddi yno.

Ychydig o geir modur oedd ar gael yr adeg honno – roedd gan Mr Isaac Jones un, ond roedd rhyw dric rhyfedd yn perthyn iddo. Gyda handlen y byddai raid ei gychwyn, ond ni fedrid gwneud hynny chwaith heb facio yr olwynion ôl i fyny. Gofynnodd i mi ei helpu un pnawn Mercher, ac roeddwn i gael y fraint o fynd gydag ef i Bwllheli. Fe gychwynnodd yr hen gar yn eithaf hwylus a'r olwynion ôl yn troi yn gyflym, ond y funud nesaf fe lithrodd oddi ar y jac a dyma'r car drwy'r drws ac ar ei ben i'r domen, ac meddai Mr Jones yn nhafodiaith hyfryd Sir Aberteifi, 'Fachgen fachgen, dyna drychineb.' Rwyf yn cofio hefyd i Mr Edwin Jones gael car am y tro cyntaf, ond wrth ddysgu gyrru aeth ar ei ben i goeden yn y parc.

Byddwn yn mynd adref bob yn ail benwythnos, reidio beic ôl a blaen. Ar y Suliau y byddem ym Madryn byddai pawb yn mynd i'r capel o leiaf unwaith ac yn aml ddwywaith, un ai i Dinas neu Greigwen.

Ar ddiwedd y cwrs llwyddais i gael un o ddwy Ysgoloriaeth y Sir i fynd i Goleg y Brifysgol, Bangor i astudio am Ddiploma y Coleg mewn Amaethyddiaeth ac wedyn am y Diploma Genedlaethol (N.D.A.). Bu cwrs Madryn o werth amhrisiadwy i mi ym Mangor – teimlwn er bod y cwrs yno yn llawer ehangach fod gennyf sail gadarn iawn i adeiladu arni.

Mae dau gyfeiriad arall y bu cwrs Madryn o help i mi. Pan syrthiodd i'm rhan i gymryd rhan flaenllaw yn yr ymdrech i sefydlu Hufenfa De Arfon, ac wedi hynny bod yn gyfrifol am ei rhedeg, roedd gennyf o leiaf ryw syniad, er mor annigonol oedd, am wneud menyn a chaws. Bûm hefyd yn ffortunus iawn mai Mr Isaac Jones oedd Cadeirydd y pwyllgor sefydlu, ac wedi hynny pwyllgor gweithredol cyntaf yr Hufenfa, a bu'n gefn mawr i mi ar lawer amgylchiad anodd.

Ychydig a feddyliais pan oeddwn ym Madryn y cawn yr anrhydedd o fod yn aelod o'r Cyngor Sir ac yn Gadeirydd Llywodraethwyr Glynllifon ac yn aelod hefyd o Lywodraethwyr Colegau Amaethyddol Llysfasi ac Aberystwyth. Hoffwn feddwl bod y profiad o fod yn fyfyriwr wedi rhoi i mi syniad gweddol am y cyrsiau ac am broblemau myfyrwyr a'u gofynion, a bod hynny o ryw help iddynt.

Gallaf ddweud yn bendant iawn bod cwrs Madryn yn sefyll allan i mi fel man cychwyn fy ngyrfa, a bod yr addysg a'r ddisgyblaeth meddwl a gefais yno wedi bod o werth amhrisiadwy.

J. O. Roberts
Bryn Coed, Chwilog
(Chwilog Bach ac yna Cefn Coed, Chwilog gynt)

Ardal Madryn

Ar y ffordd neu yn y coed wrth fynd i fyny at Caeau Gwynion yr oedd yr ieir ar y dechrau, a'r tir ar yr ochr dde i dŷ Caeau Gwynion yn perthyn i Madryn. Y tir arall ochr uchaf y ffordd oedd Cae Ardd Newydd, caeau bach tu ôl i'r Lab a Padoc, Padoc Uchaf, Bryn Llugwyn, a'r foel oedd tir Caeau Gwynion. Taid Dr T. a Dr R. Pritchard oedd y tenant cyntaf yno. Daeth W. Owen yno wedyn, brawd gwraig Evan Tyrchwr, ac wedyn daeth Evan Roberts yno a rhoi y caeau at Caeau Gwynion a rhoi Bryn Llugwyn a'r foel at Madryn. Wedyn roedd tŷ Parciau, Parc Buchod a Pharc Tyncoed yn ffurfio fferm Parciau. W. Owen, taid Hywel Gwynfryn, mab Felin Fadryn oedd y tenant cyntaf, a John ei frawd yn y Felin. Fe wnaethant sale yn 1920 ac aeth W. O. i fyw i Sir Fôn a John i Groesoswallt. Wedyn y tir yr ochr isaf i'r ffordd yr adeg honno, Cae Maen Hir, Cae Ysgubor, Hen Berllan, Olwen Bach, Olwen

Fawr, yn terfynu â Rhandir, Tan Llan, Caerffynnon, Weirglodd Parc Ceirw, Cae Ffridd Bach. Roger Hughes mab Tynffordd ddaeth yn denant i Parciau yn 1920. Ef oedd ffarmwr Parciau pan es i Madryn yn fyfyriwr, wedyn newidiwyd y terfynau. Adeiladwyd tŷ a beudai ar Olwen, wedyn rhoddwyd darn o weirglodd a darn o Olwen Bach at Olwen, a'r parciau ddod at Madryn. Yn Olwen roedd Roger yn byw a ffarmio pan es i Madryn i weithio, ond gadawodd yn fuan yn y tridegau. Wedyn daeth John Jones tad Jonnie Tŷ Fwg yno. Gryffudd brawd Twm Caelloi ddaeth i fyw i'r Felin. Wedyn daeth R. Jones o Felin Cefn Llanfair yno. Bu ef yno nes iddo ymddeol. Roedd J. C. Griffith yn Ceidio Bach, John Jones yn Graigwen a W. Williams yng Nghefn Madryn,

Cyn mynd i Madryn bu i mi ymadael â'r ysgol yn 13 oed yn 1915 a gweithio'n galed adref. Pan ddaeth Isaac Jones i Madryn byddai'n darlithio yn wythnosol am gyfnod o'r gaeaf yno a byddwn innau yn mynychu ei ddarlithoedd. Wedi i mi fod adref yn gweithio am wyth mlynedd euthum i Madryn yn fyfyriwr, nid wyf yn deall eto sut y caniataodd fy nhad i mi fynd achos yr oedd yn geidwadol iawn yn meddwl mai o'r gorffennol yr oedd pob gwybodaeth i ddod.

Dienw

Agoriad
Llygad

Am flwyddyn y bûm yn efrydydd yng Ngholeg Madryn sef 1924–25. Tua deunaw ohonom oedd yno a'r mwyafrif ynghyd â phump o athrawon yn byw i mewn yn y Coleg.

Roedd gennym i gyd feic, a llawer o hwyl a difyrrwch a gawsom wrth chwarae o gwmpas y Coleg ar ein beiciau – ac ambell i bnawn Mercher mynd cyn belled â Phwllheli.

Yn ein tro byddem yn cael ein dewis ar gyfer gwahanol weithgareddau megis godro, edrych ar ôl yr ieir, garddio, gwaith yn y llaethdy a gwneud menyn.

Newydd ei eni yr oedd mab y prifathro pan euthum yno, a chawn hwyl ddiniwed bob bore yn disgwyl clywed John Rowlands yn holi hynt a helynt y babi gan Mrs James – sef mam Mrs Isaac Jones.

Yn ddiddadl yn ystod y flwyddyn yma y cefais i fwyaf o agoriad i'm dyfodol fel amaethwr i dreulio fy amser ar fferm Neigwl Uchaf yn Llŷn.

E. Cerwyn Evans
Prysor, Botwnnog
(Neigwl Uchaf, Botwnnog gynt)

Cyfaredd
Madryn

Yn nhymor yr haf 1927 rwy'n credu y gwelais Gastell Madryn gyntaf, ac fe'm cyfareddwyd gan ei awyrgylch ramantus. Buan beth bynnag y deuthum i gynefino â'r rhamant, ac i gartrefu. Roedd bod yno yn newid byd i lawer ohonom, ond er y ddisgyblaeth roedd pawb mi gredaf yn hapus yno.

Anghofia i fyth fel y byddai Mr John Rowlands yn arafu wrth ddod i fyny'r allt o'r 'Poultry', yna'n troi ei lygaid at i fyny, taro'i ddau fawd yng nghesail ei wasgod a dechrau ar ryw stori neu'i gilydd bron yn ddieithriad efo'r geiriau 'I remember'. Ninnau bron â thagu eisiau mynd i fyny am ein cinio neu ein te, ac os byddai'n ddydd Gwener byddai gan 'Cook' darten falau i ni. Mae'n dda nad oedd dogni bryd hynny neu byddai'n anodd digoni'r llafnau gwancus ag oeddem.

Roedd yn dipyn o sioc i ni'r rhai dibrofiad pan gafodd John Rowlands ei daro'n wael yn blygeiniol rhyw fore Sul, ond diolchem fod Miss Roberts a Mr Edwin Jones wrth law i gymryd gofal ohono. Dyna'r tro diwetha i ni ei weld.

Mae cof gennyf am storm enbyd yn Hydref 1927 pan chwythwyd y coed i lawr, a hefyd fe chwythwyd y 'conservatory' yng nghefn yr ystafell ddarlithio yn deilchion.

Clywsom fod deryn diarth i lawr yn y parc. Aethom i lawr yno wedi iddi nosi, a John Rowlands yn cario lantern. Fe'i daliwyd gan ei fod wedi ei anafu ac yn analluog i hedeg, ac fe'i rhoddwyd yn y cwt bwyd tan y bore. Ond Ow! Roedd y creadur wedi marw erbyn i ni fynd yno wedyn. Deallasom wedyn mai hugan (gannet) oedd o.

Yn yr haf bu diffyg ar yr haul, oedd yn ddigwyddiad pur bwysig mae'n siwr. Cawsom ganiatâd Mr Isaac Jones i fynd i'w weld i ben Garn Bach. Wedi i ni gael brecwast bach, cychwynasom yn fore iawn yn griw swnllyd. Ac yn wir, roedd yn werth y daith. Teimlad rhyfedd iawn i mi wrth syllu tua'r dwyrain oedd gweld y cawr yn dod yn uwch ac uwch i'r ffurfafen, ond yn lle goleuo'r wlad ymledai rhyw olau melynlwyd dros bob man, ond eto roedd yn bur dywyll. Doeddem ni ddim heb beth arswyd os nad yn wir ofn, dan y fath ddieithrwch. Nid wy'n cofio am faint o amser y parhaodd felly, ond roedd rhyw deimlad o ollyngdod pan droesom yn ôl am ein cynefin.

Roeddwn yn credu bod y 'Tudor Lodge', beth bynnag oedd ei bwrpas, yn ychwanegu at ramant Madryn, ac mae'n chwith iawn meddwl y fath newid ddaeth dros yr hen le. Canys y Castell nid yw mwyach.

Wrth edrych yn ôl fe'i teimlaf yn fraint o fod wedi bod yno ac o ymwneud â chymaint o bobl hynaws.

Dienw

Nodiadau ar Goleg Madryn 1928-29

Er bod gennyf gysylltiadau teuluol â Choleg Madryn o 1913 i 1923 tra roedd fy ewythr Rhisiart (R.H. Evans, Melin Llecheiddior) yn Brifathro, ychydig a wyddwn am orchwyl, pwrpas a gwaith y Coleg gan fod fy mryd tan 1928 ar addysg a llwyddo mewn arholiadau yn Ysgol Sir Pwllheli, i'm galluogi i ddilyn cyrsiau amaethyddol yng Ngholeg y Brifysgol Bangor. Teimlai fy rhieni y byddai'n beth doeth i mi gael rhagarweiniad i egwyddorion amaethu cyn cychwyn ar fy ngyrfa ym Mangor, heb sôn am y cyfle i ennill ysgoloriaeth o Madryn gwerth £20 y flwyddyn pe cyrhaeddid safon dderbyniol – roedd £20 yn swm sylweddol yr adeg honno.

Profiad syfrdanol ac ar un olwg rhamantus oedd mynd i Fadryn, gan fod yr awyrgylch yn dra gwahanol i'r Ysgol Sir, mwy o ryddid personol a meddyliol tra'n dilyn y cyrsiau ac yn arbennig cyfle i ymgymryd â gwaith ymarferol ar yr un pryd, syniad go anturus a ffres ym myd addysg yr adeg honno.

Cynhelid dau gwrs yn ystod y flwyddyn. Roedd cwrs y gaeaf yn canolbwyntio ar amaethyddiaeth yn gyffredinol, y mwyafrif o'r efrydwyr yn llanciau gyda rhyw dair neu bedair o ferched yn britho'r grŵp heb sôn am wneud bywyd yn fwy diddorol. Oddigerth un neu ddau o'r efrydwyr prif nod y cwrs oedd hyfforddi ac ymledu meddyliau meibion a merched ffermydd cyn iddynt fynd yn ôl i'w cartrefi, a'u galluogi i ddylanwadu ar safon amaethu a'i wella, heb sôn am roddi iddynt sylfaen gref pan ddeuai'r amser iddynt ffermio eu hunain. Yn ystod tymor yr haf rhoddid pwyslais arbennig ar gynhyrchu a phrosesu llaeth yn gaws a menyn. Merched ar y cyfan a ddilynai'r cwrs yma.

Yn cydredeg â'r prif gyrsiau a nodwyd uchod roedd cyrsiau atodol mewn Cemeg a Llysieueg Amaethyddol, rheolaeth dofednod, garddwriaeth, iechyd anifeiliaid, cadw cyfrifon a chadw gwenyn. Rhoddai'r cyrsiau yma sbectrwm lletach i'r addysg, ac roeddent yn help i bwysleisio aml i agwedd bwysig mewn perthynas i amaethyddiaeth yn gyffredinol.

Yn nwylo'r Prifathro y diweddar Isaac Jones yr oedd y darlithoedd ar amaethyddiaeth cyffredinol. Rhoddid pwys ar elfennau bridio, magu a phorthi gwartheg, defaid a moch. Ymdrinid hefyd â chropio gyda'r pwyslais ar geirch, haidd, tatws a rwdins gan ddangos y modd i ymbriodi stoc a'r cropiau er budd y fferm yn gyffredinol. Un agwedd o'r cwrs oedd y pwyslais a roddai ar y moddion priodol o fagu lloi, agwedd hynod bwysig i ffermio Sir Gaernarfon a'r cyffiniau. Mae gennyf gof gweddol dda am y ffordd y darlithiai Isaac Jones – roedd yn trin y pwnc yn syml, yn gryno ac yn effeithiol. Ef hefyd oedd yn darlithio ar gadw cyfrifon. Rhoddid triniaeth bur dda mewn perthynas i'r 'Balance Sheet' a'r 'Profit and Loss Account', ond braidd yn wantan mewn perthynas i ddadansoddi'r ffigurau ynglŷn â'r gwahanol adrannau ac felly fawr o help i ddatrys eu gwendidau a'u cryfder.

Edwin Jones oedd yn gyfrifol am hyfforddiant mewn Cemeg a Llysieueg Amaethyddol. Mewn Cemeg ceid arolwg ar elfennau pwysig y pridd a'r modd i'w cynorthwyo trwy ddefnyddio gwrteithiau a llychau priodol. Yn ychwanegol byddai hefyd yn dehongli elfennau pwysig y gwahanol fwydydd a'u pwysigrwydd mewn perthynas i ofynion gwartheg, defaid a moch a sut i gymysgu bwydydd i gyfarfod anghenion y gwahanol fathau o dda byw. Wrth drin Llysieueg Amaethyddol rhoddai bwyslais arbennig ar reolaeth tir glas er mwyn sicrhau uchafswm cynhyrchiant ohono. I'r cyfeiriad yma dangosai pa mor bwysig oedd tir glas tros dro (ley) a sut roedd elw yn y cyswllt yma'n dibynnu ar ddefnyddio cymysgfa hadau bwrpasol at y gwaith. Caed hyfforddiant effeithiol a chynhwysfawr yn y pynciau yma, agoriad llygad gwerthfawr i'r efrydwyr serch fod Cemeg Amaethyddol braidd yn gymhleth i lanciau oedd wedi gadael yr ysgol pan oeddent tua 14 i 15 mlwydd oed.

Edwin Jones hefyd oedd yn gyfrifol am osod allan y gwaith ymarferol ar y fferm i'r efrydwyr oddigerth y godro a'r llaethdy. Nid oedd fawr o elfen hyfforddiant yn y cyswllt yma gan nad oedd y gweision wedi cael hyfforddiant yn y ffordd o addysgu. Rhaid cofio hefyd bod gan Edwin Jones orchwyl bwysig arall sef cynghori amaethwyr mewn perthynas i'w problemau a darlithio iddynt, gwaith oedd yn gwneud iddo fod yn absennol yn aml, felly roedd yn methu arolygu'r hyfforddiant fel y dymunai. Tueddai hyfforddiant mewn gwaith ymarferol ar y fferm i fod yn ffurf o 'cheap labour'.

Teyrnasai Mrs Watkins (neu Miss Roberts yr adeg honno) yn y llaethdy, ac ar y godro. Roedd y cwrs ar godi llaeth a'r prosesu yn gynhwysfawr ac effeithiol. Roedd hyfforddiant ymarferol yn rhan bwysig o'r cwrs, sef glanweithdra gyda'r godro â llaw, ac egwyddorion sylfaenol gwneud menyn a chaws penigamp. Mae'n ddiamau fod y cwrs yma wedi bod yn fodd i gynhyrchu caws a menyn o safon uchel ar ffermydd y sir heb sôn am werth y glanweithdra mewn cysylltiad â godro llaw fel modd i gadw'r gafod dan reolaeth. Darlithiau syml cryno a hyfforddiant penigamp oedd nod y cwrs yma.

John Rowlands oedd yn gyfrifol am hyfforddiant ym myd y dofednod, gŵr hynod ac amryddawn. Rhoddid yn y darlithiau gryn bwys ar fridio, magu a bwydo ieir i'r pwrpas o gynhyrchu wyau. Cofnodid cynhyrchiant pob iâr trwy 'trap nesting'. Dyma'r tro cyntaf i mi sylweddoli pwysigrwydd cadw cofnodion mewn perthynas i fridio llwyddiannus, proses sydd erbyn hyn yn hanfodol i lwyddiant pob agwedd o godi stoc.

Os cofiaf yn weddol dda, yn ei gwrs ar arddwriaeth cymhellai John Roberts yr efrydwyr i dyfu gwell llysiau a ffrwythau yn eu cartrefi gan nodi'r elfennau sylfaenol i gyflawni hyn o beth. Cyfres o ddarlithiau pwrpasol gyda'r nod iawn, gan fod cadw ymwelwyr ar y ffermydd yn tyfu'n elfen fawr bwysig yr adeg honno, ac yn creu elw sylweddol. Cofiaf yn dda cymaint o bwyslais a roddai ar 'double digging' i'm mawr ddigalondid. Teimlwn yn gryf fod palu i un dyfn y rhaw yn llawn digon i greadur meidrol heb sôn am ddwy. Caed hyfforddiant derbyniol a gwerthfawr yn y gwaith ymarferol, cofiaf hyd heddiw am y ffordd briodol i frigdorri.

Griffith Jones Roberts FRCVS, y milfeddyg profiadol a hynaws o Bwllheli, a draddodai'r darlithiau milfeddygol gan roddi pwyslais ar anatomeg y ceffyl a'r heintiau oedd yn debyg o oresgyn gwartheg a defaid, sef diciâu, erthylu, y gafod a liver fluke i enwi y rhai pwysicaf – atal yn hytrach nag iacháu oedd byrdwn ei neges oddigerth liver fluke gan fod Dr Montgomery o Brifysgol Bangor wedi datrys y broblem o ddelio â'r pla yma rhyw flwyddyn ynghynt. Cwrs buddiol gwerth chweil oedd hwn ac yn agoriad llygad effeithiol i bob un ohonom.

Mrs Isaac Jones oedd yn edrych ar ôl ein buddiannau corfforol sef sicrhau bod llond ein boliau a bod cynfasau glân ar y gwelyau bob wythnos, a hefyd edrych ar ôl y claf pe bai hynny'n digwydd – mawr oedd ei gofal trosom.

A chymryd i ystyriaeth y dirwasgiad caled, llym a fodolai ym myd amaethyddiaeth yn ystod y cyfnod 1924–1934 a chydnabod y ffaith fod y mwyafrif o'r efrydwyr wedi gadael yr ysgol yn bedair ar ddeg neu bymtheg oed, ar wahân i'r ffaith fod y mwyafrif ohonynt yn llawer mwy hyddysg yn y Gymraeg na'r Saesneg, teimlaf fod y cyrsiau a dderbyniwyd ym Madryn wedi eu gosod ar lefel synhwyrol ac effeithiol. Yn ddiamau roedd y cyrsiau a llawer o'r gwaith ymarferol yn agoriad llygad i'r mwyafrif o'r efrydwyr, a hefyd yn symbyliad i wella eu safon ffermio a'u galluogi i fanteisio i'r eithaf ar ddatblygiadau newydd pan ddaeth gwell tro ar fyd. O 1934 ymlaen bu i gyfran helaeth o efrydwyr y cyfnod dan sylw ddatblygu'n amaethwyr penigamp ac yn arweinwyr cymeradwy a chyfrifol yn eu hardaloedd ac ar raddfa helaethach. Yr un modd bu i lawer o'r efrydwyr a aeth ymlaen i'r

Brifysgol a cholegau cyffelyb gyrraedd safon uchel a chyfrifol ym myd amaethyddiaeth wyddonol, gweinyddol a masnachol – dyma brawf diysgog o'r gwaith da ym Madryn bryd hynny.

Credaf hefyd fod cryn ddaioni yn deillio o'r ffaith fod y rhan fwyaf o'r efrydwyr wedi bod yn gweithio'n galed ar y fferm am dair neu bedair blynedd cyn dod i Madryn, ac o'r herwydd dim amser neu gormod o flinder i fynd ati i ddarllen a meddwl am eu problemau yn y persbectif priodol. Yn ddi-os bu'r cyfle i fwynhau egwyl lai llym ym Madryn a mwy o seibiant yn fodd nid yn unig i agor llygaid ond yn bwysicach gosod eu problemau yn y cywair priodol.

Wrth gwrs gyda rhyw ugain neu well o lanciau yn llawn asbri byddai tipyn o gadw reiat yn yr ystafelloedd chwaraeon a gwely. Nid rhyfedd felly i lid y Prifathro a'r staff ddisgyn ar ein hysgwyddau o dro i dro gan osod y ddeddf i lawr yn bur chwyrn. Rhaid oedd codi tua 6.45 yn y bore un ai i fynd i odro neu i'r Parc i fwydo'r ffowls a'u dyfrio, gorchwyl pur anodd i rai ohonom oedd yn ffond o'r gwely. Adwaith John Rowlands i'r troseddwyr oedd eu hanwybyddu am ddau neu dri diwrnod – credaf nad oedd hyn yn rhyw effeithiol iawn. Roedd gan Mr Rowlands ddull arbennig iawn o ddarlithio sef ymddangos ei fod yn siarad â rhyw gynulliad anweledig a fodolai hanner y ffordd rhwng y llawr a'r nenfwd yn agos i'r pared yng nghefn y neuadd ddarlithio. Rwyf yn siwr yr anghofiai'n aml fod ganddo wrandawyr yn eistedd yn llawr yr ystafell. Ar brydiau defnyddiai drosiadau hynod a thrawiadol i egluro pwynt pwysig, a thrawiadol hefyd oedd ei ynganiad o eiriau Saesneg. Cychwynnodd ei yrfa fel fferyllydd a meddai ar ddawn arbennig i wella rhai heintiau, fel y drywingen, dolur gwddw, ac archollion a briwiau cas ar y dwylo neu'r coesau, a hynny gyda chyffuriau hen ffasiwn. Cofiaf yn dda am y cyffur a ddefnyddiai i gynorthwyo twrcïod trwy'r stad beryglus o dyfu crib coch sef balsam copaiba, y tro cyntaf a'r diwethaf i mi glywed y term.

Bu rhai damweiniau yn y llaethdy hefyd. Cludid y llaeth gyda chymorth iau gannoedd o lathenni o'r beudy i'r llaethdy lle câi ei bwyso. Pan oedd yn rhewi'n galed roedd lle peryglus o flaen y llaethdy a hawdd oedd sglefrio ar yr wyneb concrit llyfn a thywallt y pwcedeidiau llaeth ar y concrit yn lle y separator. Roedd rhai ohonom braidd yn fyrbwyll pan fyddem yn corddi, yn anghofio cloi caead y fuddai, gyda'r canlyniad o lympio'r menyn ar y llawr glân gwlyb, sefyllfa a dynnai ddagrau fel perlau bras o lygaid Miss Roberts, druan ohoni.

Cyn diweddu rhaid talu teyrnged i Tomi Cae Lloi a'i fodur. Dechreuodd gyda'r hen 'Model T Ford long wheel base' yn 1919 i gario glo a nwyddau rhwng Pwllheli ac ardal Dinas. O dipyn i beth rhoddwyd meinciau ar hyd y lorri a tharpwlin drosti i gario pobl a'u cynnyrch ar ddydd Mercher a dydd Sadwrn – gwasanaeth gwerthfawr iawn. Ef fyddai'n cario glo a bwydydd anifeiliaid i'r fferm a lluniaeth o bob math i ddiwallu anghenion corfforol y staff a'r efrydwyr. Cofiaf yn dda gael cyfarwyddiadau i'w gyfarfod wrth y giatiau mawr er mwyn rhedeg â'r penwaig coch i'r gegin i'w darparu at swper. Erbyn 1928–29 roedd wedi graddio i lorri fawr, a theiars solet ar yr olwynion. 'Traffic' oedd ei gwneuthuriad. Yn lle tarpwlin gostyngid corpws bws ar y lorri dydd Mercher a dydd Sadwrn, a gosod seti coed bob ochr gyda chefnau iddynt, datblygiad derbyniol iawn. Er cystal y gwelliant syfrdanol yma, o gofio cyflwr dieflig y ffordd rhwng Madryn a Bodgadle hawdd yw dychmygu'r ysgytian dychrynllyd a achosai i lawer fethu cadw bwyd ac yn enwedig y ddiod feddwol yn eu stumogau. Pell ffordd oedd yr hen Draffic o'r Luxury Coaches sydd ym meddiant y cwmni heddiw.

Hywel Eifion Evans
Llawr y Glyn, Lôn Tyllwyd, Llanfarian, Aberystwyth
(Melin Rhyd-hir, Efailnewydd gynt)

Atgofion am Goleg Amaethyddol Madryn 1928-30

Roeddwn yn ddisgybl yn Ysgol Amaeth Madryn yn ystod gaeafau 1928–29 a 1929–30. A minnau newydd droi yn un ar bymtheg oed roeddwn yn un o ddeunaw i ugain o fyfyrwyr. Deuent bron i gyd o'r hen Sir Gaernarfon a Sir Fôn. Mr Isaac Jones oedd y Prifathro yn cael ei gynorthwyo gan Mr Edwin Jones, Miss M. Roberts (Llaeth), Mr John Roberts (Garddwriaeth), Mr J. Rowlands (Dofednod) a Mrs Isaac Jones (Matron).

Byddem yn cael darlithoedd am y rhan fwyaf o'r amser gwaith ynghyd â rhai oriau yr wythnos o waith ymarferol ar y fferm, yr ardd, yr ieir ac yn y llaethdy yn dysgu gwneud menyn. Roedd y gwaith ar y fferm yn amrywiol ond fynychaf yn chwalu tail ar y caeau, clirio cytiau, a godro â llaw. Roedd y fuches yn cynnwys gwartheg duon Cymreig yn unig. Wrth edrych yn ôl yr

71

argraff gawsom ni, y rhai oedd yn feibion ffermydd, oedd nad oeddem yn cael ein rhoi ar ben ffordd i ddysgu crefftau fel aredig, plygu gwrych, gwneud teisi ac yn y blaen. Teimlem ein bod yn cael ein defnyddio i arbed talu i weithwyr yn hytrach na chael ein dysgu i wneud y gwaith yn fwy effeithiol. Eto rhaid cydnabod bod pwyslais yn cael ei roi ar ddysgu gwneud menyn, gwaith pleserus i rai ond nid gan eraill. Byddem yn mynd i'r labordy yn achlysurol gyda Mr Edwin Jones i wneud arbrofion cemegol.

Credaf fod safon yr addysg a gaed yn y darlithoedd yn uchel. Efallai bod yna fwy o bwyslais ar ddamcaniaeth neu theori nag ar yr ymarferol, ac eto i gyd roedd gwerth ymarferol yn yr ymdriniaeth wyddonol o ddarganfyddiadau newydd ynglŷn â phorthi anifeiliaid a gwella tir glas, dau bwnc o bwys yn y blynyddoedd hynny sef blynyddoedd dechreuad y dirwasgiad mawr.

Roedd pethau mor ddrwg yr adeg honno. Cofiaf i ni gael cyfarfod arbennig gyda'r nos i drafod yr argyfwng ond methwyd yn lân â chael dim gweledigaeth.

Wrth edrych yn ôl mae rhywun dan yr argraff fod datblygiadau eithriadol y blynyddoedd diwethaf yma mewn amaethu wedi cychwyn yn y dirwasgiad. Blynyddoedd darganfod penisilin, gosod sylfeini gwella tir glas a dadansoddi porthiant.

Roedd cyfle i ddysgu yn sicr ym Madryn a chyfle

hefyd i ychwanegu at yr addysg gan fod yna ysgoloriaethau i fyfyrwyr fynd i'r Brifysgol i ymgeisio am Ddiploma mewn Amaethyddiaeth. Rhoddwyd dwy ysgoloriaeth o £10 yn 1929 i fynd i Brifysgol Bangor, neu fynd yn ôl i Goleg Madryn am flwyddyn arall i geisio cael ysgoloriaeth o £25 y flwyddyn am dair blynedd ym Mangor. Dewisais yr ail ac yna euthum i Fangor.

Llawer o ddiolch sydd gennyf am a gaed ym Madryn.

T. L. Roberts
Bachymbyd Bach, Rhewl, Rhuthun
(Ochr Cefn Isa, Ysbyty Ifan gynt)

Atgofion Mab
y Prifathro Isaac Jones

Cofiaf y straeon enwog am John Rowlands, yn enwedig yr un amdano'n dal y llew a gyfarfu ar y stryd yn Llandrindod. John yn mynd i mewn i dŷ cyfagos, gadael y drws ar agor ac arwain y llew i'r 'stafell ffrynt. John wedyn yn mynd allan drwy'r ffenestr i'r stryd, yn ôl i'r tŷ a chau drws yr ystafell. John wedyn yn goruchwylio'r llwytho drwy'r ffenestr i gerbyd o ryw fath o eiddo pobl y syrcas!

Edwin Jones wedi darganfod y ffordd orau i gael tawelwch yn y 'staff-room' – "Programme da heno, John," a rhoi'r 'headphones' dros glustiau John, yn troi'r 'wireless' yn uchel a John fel canlyniad yn cysgu ar unwaith. John mewn helynt a phenbleth pan oedd yn amser i'r archwilwyr ddod heibio o Gaernarfon ddiwedd Mawrth. Edwin yn awgrymu'r hen ffefryn i egluro prinder wyau – "Taken by crows, John!" Edwin wedyn yn dysgu John sut i chwarae golff ger Parciau ond ddim yn sylwi'n ddigon manwl ar leoliad John cyn y 'swing'. Sŵn ochenaid, Edwin yn troi a gweld John ar wastad ei gefn ac ŵy ar ei dalcen! Un stori am John oedd iddo gyfarwyddo un myfyriwr i fynd yn nes i lawr yr afon yn y Parc i gael pwll dyfnach, pan oedd yn bygwth boddi ei hun! Ni chlywais ond sôn am y tynnu dannedd gan John.

Edwin Jones yn cysuro Anti May pam fod Mr Watkins, y Trygarn yn hwyr i'r oed – "Yr hwch yn siwr o fod yn dod â moch bach!"

Evan Williams (Capstan Full Strength) efo'i wybodaeth eang o hwsmonaeth a'i amynedd efo un digon diamynedd – ffensio, tasu, gofalu am y defaid a hyfforddi'r cŵn. Cawn fynd â'r defaid gwerthu i Benbryn, Llaniestyn a'r ŵyn tew i Edern, efo cŵn wedi'u hyfforddi ganddo – mwynhad pur i mi oedd hyn. Cofiaf yn dda mai'r unig anhawster a gâi 'Black' oedd wrth ddod yn agos i Edern, lle roedd rhes fach o dai ar y dde. Roedd gerddi bychain o flaen y tai bron yn y ffordd, a phan fyddai'n boeth a'r ŵyn wedi blino byddent weithiau'n stwffio i'r gerddi ac weithiau hyd yn oed i'r tai drwy'r drysau agored! Credaf mai dilyn y porthmyn a wnawn mewn oes gynt, achos dywed amaethwyr mynydd Ceredigion fy mod yn gerddwr da!

Richard Griffith, disgybl Keir Hardie, George Lansbury ac edmygydd Tom Nefyn. Richard a Dafydd, Gors yr Hafod yn cau bwlch mewn wal gerrig yng Nghaeau Gwynion ar ôl i'r cyntaf ymddeol fel porthwr. Dafydd yn holi lle roedd wedi bod yn pori'r noson gynt a Richard yn dweud, a gafael yn ei fwstas yn ei ddull arferol pan fyddai'n mynd i hwyl, ei fod wedi bod mewn "crisis yn y Tymbl" efo Tom Nefyn. Richard yn ymgolli yn y gwaith nes ei fod mewn perygl oddi wrth gerrig yn syrthio ar ei gefn – rhaid oedd tynnu i lawr unrhyw ran amheus bob amser – a Dafydd yn ei atgoffa fod 'crisis' yn nes adref na'r Tymbl i'w gael os na fyddai'n fwy gofalus! Richard hefyd yn ddiofal yn yr haf yn mynd ar brynhawn Sadwrn i weld teirw ifanc allan ar y cae a heb ofalu bod 'Spot' wrth law. Cofiaf gael coler Spot ganddo i roi ar un o'r cŵn eraill a hon yn mynd bron i ddwywaith o gwmpas ei wddf! Arferai Spot neidio i fyny a brathu'r tarw yn nhop ei gynffon os oedd angen: tebyg nad oedd angen ond i R.G. weiddi 'Spot' i wneud i'r tarw grynu. Credaf yn gydwybodol fod dirywiad y Blaid Lafur i'w briodoli i raddau i'r ffaith fod gwagle ar ôl pobl fel Richard Griffith.

Thomas Thomas, yn y cae gwair, byth yn dweud wrthym yn y gadlas faint o lwythi oedd ar ôl ond "ni fydd llawer ar ôl deg neu ugain llwyth!" T.T. yn dweud wrth Miss Williams y Matron y byddai'n rhaid i Nhad gael Sais at yr wyau ar ôl iddo ef ymddeol! T.T. wedyn yn paratoi un noson i dderbyn baedd newydd a oedd yn dod i Bwllheli efo'r trên ac wedyn efo lorri Caelloi. Griffith Jones (mi gredaf) yn dod ar ôl iddi hi dywyllu a dim baedd yn y lorri! Cael y baedd bore wedyn yng nghae Gallt y Beren!

Johnnie Roberts yn dysgu i mi sut i gadw 'nhraed yn gynnes yn y gaeaf efo gwellt mewn wellingtons! Johnnie Tŷ Fwg yn trafod y ceffylau a'r tractor wedyn yr un mor fedrus. Wyn Griffiths a'i gap yn wyrthiol ar ochr ei ben yn dod â llwyth mawr o wair i'r ydlan ar wib, efo un llaw ar yr olwyn!

Tebyg fod dynion y fferm wedi gwneud mwy o argraff arnaf (a'r athrawon wrth gwrs) na'r myfyrwyr am fod cyfnod yr olaf yn fyr: Haydn Williams yn ddireidus.

Gwelais fy nhad ac Ifan yn hwyrfrydig i gadw mwy o anifeiliaid pan oeddwn yn llanc, ond erbyn hyn treuliaf lawer o'm hamser yn ceisio darbwyllo ffermwyr mynydd fod cyflawniad yn bwysicach na rhif, mewn perthynas â defaid mynydd.

Credaf fod fy ngwaith ar ddatblygu addasiad lleol o'r dull 'Muirford' o wella tir mynydd heb aredig wedi dechrau efo'r modd y gwelais drafod y gweirgloddiau ym Madryn a'm diddordeb, rhamantus efallai ar y pryd, yn y mynydd. Trosglwyddo dull o wella gweirgloddiau i rostir uchel!

Gan edrych yn ôl, roedd chwech o ddynion yn

gwneud gwaith deugain ers talwm ar y stad. Roedd
llawer o waith di-fudd o ran elw i gadw'r lle yn daclus
– gweddillion stad yn hytrach na fferm daclus, heb
barciau a choedwigoedd a rhodfeydd.

Cefais blentyndod hapus a charedigrwydd mawr, er
fy mod yn anodd fy nioddef gan lawer rwy'n siwr am fy
mod wedi'm difetha.

Awyren Alan Cobham uwch caeau Bodfel efo Evan
Davies a llawer o hufen iâ ganddo. Roedd yn amhosibl
i mi hefyd ddychmygu am Fadryn heb Caelloi,
Gledrydd, Gors yr Hafod, Y Felin – roeddent ynghlwm
â'n bywyd ym Madryn.

Gwyn Jones
Llys Maelgwyn, Pen y Garn, Aberystwyth
(Gweler hefyd 'Cam Cynnar yn Llŷn' gan Gwyn Jones
yn Fferm a Thyddyn, *Calan Gaeaf 1992*
a 'Cymrodyr Pwllheli' gan Gwyn Jones yn
Fferm a Thyddyn, *Calan Gaeaf 2003.)*

Oes o
Wasanaeth

Dechreuais weithio ym Madryn yn Ebrill 1932. Y Prifathro oedd Mr Isaac Jones. Fy ngwaith oedd hefo'r ceffylau. Gan fod y certmon oedd yno o'm blaen wedi ei daro'n wael, mi es yno i'w helpu allan. Ond aros yno a wneuthum ac mi fûm yn gweithio rhwng Madryn a Glynllifon am 41 o flynyddoedd. Mae yna lawer o newid wedi digwydd yn ystod y blynyddoedd mewn amaethyddiaeth. Byddaf yn gweld llawer o'r cyn-fyfyrwyr yn Llangefni ar ddydd Mercher, llawer ohonynt yn ffarmwrs blaenllaw.

Cofio ym Madryn, yr Oes Beirianyddol ddim wedi dod. Aredig hefo'r ceffylau. Llyfnu. Cario tail hefo'r troliau. Chwalu tail hefo fforch. Gwaith llaw. Mynd hefo'r stiwdents, rhyw bump neu chwech, i chwalu tail a cheisio eu dysgu. Rhai yn mwynhau'r gwaith, eraill ddim. Hel tatws fyddai un o'r jobs cyntaf fyddent yn ei wneud ar ddechrau'r tymor. Chwynnu rwdins ddechrau'r haf. Roedd digon o waith ymarferol i'w gael ar eu cyfer. Gwaith cyn brecwast fyddai godro – hefo llaw yr adeg honno. Helpu i fwydo'r moch. Carthu'r stabal ac yn y blaen. Roedd pawb yn mwynhau ei hun, amser reit ddifyr. Dim ond bws Caelloi i Bwllheli ar ddydd Mercher a'r Sadwrn.

Amser y torrodd y rhyfel allan bu newid ar amaethu. Gorfod aredig mwy i dyfu grawn a thatws. Cofio plannu dros chwe acer, gwaith gosod hefo llaw, agor a chau'r rhesi hefo'r ceffylau. Torri ŷd hefo'r pladuriau a'r injan dorri gwair. Yn nes ymlaen cawsom Reaper. Mi ddarfu honno ysgafnhau dipyn ar y gwaith. Doedd ond eisiau rhwymo ar ei hôl. Y tymor hwnnw y daeth y Land Army i Madryn i gael eu hyfforddi. Merched o Fanceinion oedd y rhai cyntaf a ddaeth a Mr D. E. Davies yn eu hyfforddi i rwymo'r ŷd, ac roeddent yn gwneud yn reit dda ar y cyfan. Roedd Mr Davies yn trefnu gyda'r War Ag y flwyddyn ddilynol, a dyna pan ddaeth y peiriannau i weithio i'r cylch. Roeddent yn gosod Binders wrth ei gilydd ym Madryn. Ac yn eu plith yr oedd yna Binder ar gyfer ceffylau (Albion). Cofio bachu tri cheffyl ynddi a mynd i'w thrio i Cae Ffridd Bach. A mi oedd yn gweithio yn iawn. Mi dorrais ŷd Madryn i gyd hefo hi y tymor hwnnw. Yn ystod y flwyddyn ddilynol y cawsom ni y Ffordan Bach.

Tractor newydd. Roedd rhaid newid o'r ceffylau wedyn.

Pan ddaeth y Prifathro D. S. Davies i Madryn i olynu Mr Isaac Jones daeth ef â mwy o beiriannau. Cofiaf y diwrnod cyntaf i ni ei weld. Wynn a minnau wedi bod yn torri gwair. Injan dorri gwair wedi'i bwriadu ar gyfer ceffylau wedi'i gosod y tu ôl i'r tractor. Mi fachodd y llafn mewn bonyn coeden nes oedd y llafn y tu ôl i'r olwyn. Roedd Mr Davies yn yr iard wrth ymyl y Dairy pan aethom â'r injan yno. Chwerthin wnaeth pan welodd y darnau. Roeddem yn meddwl nad oedd yn hysbyseb da.

Cofio dal y Welsh Cob oedd wedi ei phrynu yn Ne Cymru. Roedd angen i ni ei dal i weithio, ei bachu i lusgo polyn. Roedd yn iawn, ei bachu wedyn yn y fflôt. Wnaethai hi ddim symud. Mi es i mewn i'r fflôt a lein gennyf. Dyma roi slap iddi i gychwyn. Y peth nesaf a welais oedd ei phen ataf a'r ddau lorp wedi torri. Wedyn ei bachu yn y drol. Wnaethai hi ddim symud. A dyna ddiwedd y Welsh Cob.

Ar ôl hyn y daeth Glynllifon ar dro. Symudais yno i fyw yn 1952 – tipyn o newid o Madryn, a phawb yn ddiarth.

John Jones
Tyngongl, Gorad Road, Fali

Sylfaen Dda
ym Madryn

Gorffennais fy addysg ddechreuol ym Madryn gan aros am yr haf a gwneud cwrs Llaeth, Menyn a Chaws hefo Miss Jones a merched o siroedd cyfagos.

Cwrs eang ydoedd yn delio yn gyffredinol ag amryw o agweddau. Gan fod rhan helaeth o'r myfyrwyr wedi dod yno yn syth o'r ysgol roedd yn hanfodol fod y cwrs yn un ymarferol oherwydd roedd y mwyafrif yn dychwelyd i'w cartrefi. Roedd rhai ohonom eisiau mynd ymlaen dipyn yn ddyfnach, ond credaf hyd heddiw fod lled a defnydd y cwrs wedi gwneud llawer o les i mi. Fe'n cyflwynwyd i'r gwahanol agweddau ac felly cawsom gyfle da i benderfynu pa lwybrau oedd yn apelio at bob unigolyn drosto'i hun.

Trwy gydol fy ngyrfa fel cynghorwr ffermwyr o bob

math teimlaf fod yr ymarfer cyffredinol wedi bod yn gymorth i mi ac yn help i allu dadansoddi gwahanol broblemau oedd yn wynebu ffermwyr. Wrth edrych yn ôl ar y profiad a gefais o weithio gyda'r rhai oedd wedi arbenigo mewn meysydd penodol, roedd bob amser bron rhyw wacter yn eu cynghorion gan nad oeddent yn gallu ffitio'r jig-so i broblemau cyffredin ar ffarm.

Un o'r digwyddiadau diddorol a gofiaf yw pan oedd y Royal Welsh yn Llandudno yng Ngorffennaf 1934. Roedd yna dîm ohonom yn cystadlu – godro, gwneud menyn ac yn y blaen. Evan Davies oedd yn gyfrifol amdanom yn y sioe. Roeddem wedi cael caniatâd i roi pabell i fyny yng nghartref Mair Jones. Un noson pan gyraeddasom Gilfach Farm yn o hwyr doedd dim hanes o'r babell oherwydd bod y gwynt wedi bod yn gryf am beth amser. Wedi chwilio am dros awr cafwyd hyd i'r babell ac fe'i codwyd yn y tywyllwch ac i mewn â ni ynghyd ag Evan Davies. Chlywyd erioed gymaint o chwyrnu ac roedd ofn gan bawb ddweud neu ofyn i Evan gau ei geg. Yn oriau mân y bore doedd dim i'w wneud ond bob yn un fynd allan a deffro pawb a gwneud ein hunain dipyn yn fwy cyfforddus. Gweithiodd y cynllun ond ni chafwyd ond ychydig o gwsg!

Yn nhymor yr haf roedd yn rhaid i ni fel myfyrwyr fod i mewn erbyn 10 o'r gloch. Yr adeg honno roedd

Mair yn caru efo Hywel Evans ac felly deuai ef i lawr ar ei fotor beic tua 10.15pm. Roedd pob un ohonom tu mewn tu ôl i ffenestri yn clapio'n dwylo pan oedd hi'n neidio ar y sêt tu ôl i Hywel. Roedd tipyn o farddoniaeth ar y bwrdd du ychydig funudau cyn i Miss Jones ddod i mewn i roi ei darlith y dydd dilynol!

Cofiaf yn dda fel y byddai ein siâr o fenyn yn toddi i ffwrdd os oeddem ychydig funudau ar ôl i frecwast a the. Rwy'n cofio hefyd y stŵr fawr fod yn rhaid i bawb fwyta popeth oedd o'i flaen. Cas gen i oedd seleri yr adeg honno. Mrs Jones yn dod o gwmpas ac yn fy llongyfarch am glirio fy mhlât, a fy mhocedi'n llawn o seleri drewllyd!

Cofiaf yn dda Evan Davies yn cael car newydd sbon 'Ford' am £100. (Dyna'r dydd, meddyliwn amdano, pan allaf fforddio car newydd fy hun!) Evan John Griffith fe gofiaf oedd yr unig stiwdent oedd yn cael mynd am dro hefo Evan D yr amser hwnnw.

Y peth mwyaf sobr o gwbl ddigwyddodd i mi rwy'n credu oedd pan ddechreuasom chwerthin yn afreolus am unrhyw beth ac unrhyw amser. Galwodd Isaac Jones arnaf i ddarllen rhai adnodau ar ddechrau'r dydd. Wrth i mi gerdded tuag at y llwyfan dechreuodd un o'r myfyrwyr eraill chwerthin. Ddywedodd Isaac Jones ddim byd ond roedd yr olwg ar ei wyneb yn ddigon – beth bynnag, allwn i ddim stopio ac fe adewais y llwyfan ac yn ôl i'm sedd, ac ni ddarllenwyd adnod y diwrnod hwnnw.

Evan Owen Jones
57 Danycoed, Aberystwyth
(Tai Refail, Pencarth, Chwilog gynt)

Ar Staff
Madryn

Mr Isaac Jones oedd y Prifathro trwy gydol fy nghyfnod ym Madryn a'i briod Mrs Jones oedd y Matron hyd 1947.

Brodor o Geredigion wyf i a mynychais Ysgol Uwchradd Llandysul. Wedi i mi weithio ar ffermydd fy nhad yn Nyffryn Aeron am ddeng mlynedd dilynais gwrs gradd anrhydedd dwbl yng Ngholeg Prifysgol Cymru, Aberystwyth. Astudiais hefyd ar gyfer y Diploma Cenedlaethol mewn Amaethyddiaeth. Roedd fy mhriod Megan hefyd yn hanu o Geredigion ac yn ferch fferm o Dalybont. Mynychodd Ysgol Uwchradd Ardwyn a Phrifysgol Aberystwyth lle graddiodd mewn Bywydeg ac yna dilyn cwrs mewn Llaethyddiaeth ar gyfer diploma NDD. Ei swydd gyntaf oedd Hyfforddwraig Gynorthwyol mewn Llaethyddiaeth yn

Llysfasi. Yna ymunodd â staff Madryn yn fuan wedi i'r Ail Ryfel Byd ddechrau.

Aelodau'r staff yn fy nghyfnod i oedd:

Cadw Dofednod –	Mr Henry Jenkins NDP
	o Forgannwg
	Mr G. Roberts NDP
	o Sir Gaernarfon
Llaethyddiaeth –	Miss May Roberts
	o Sir Feirionnydd
	Miss M. E. Jones
	o Sir Gaernarfon
	Miss Megan Jones o Geredigion
	Miss Mair Roberts
	o Sir Gaernarfon
	Miss Mair Lloyd
	o Sir Feirionnydd
Garddwriaeth –	Mr John Roberts
	Mr Lawrence Roberts
	o Sir Gaernarfon

Cadw Gwenyn (am gyfnod) – Mr John Rowlands
Iechyd Anifeiliaid – Mr Roberts MRCVS, Pwllheli
Matron (olynu Mrs Jones) – Miss Edna Williams
o Gaerfyrddin
Staff y fferm:
Mr Evan Williams (Sir Gaernarfon) – Fforman y fferm
Mr Richard Griffith – Cowmon yn bennaf

Mr Thomas Thomas –	Moch yn bennaf
Mr Johnny Jones –	Ceffylau yn bennaf
Mr Johnny Roberts –	Help cyffredinol
Mr Dick ? –	Help cyffredinol
Mr Owen Parry –	Helpwr ifanc
	gyda'r dofednod

Roedd Mr Thomas Thomas yn gyfrifol am y gwaith trydan oedd yn cyflenwi trydan ar gyfer y fferm a'r ysgol a'r gwaith dyddiol angenrheidiol yn yr ysgol. Roedd gan y Matron ddwy neu dair cymhorthydd. Adeiladwyd tŷ ar gyfer y Pennaeth a dau fwthyn gweithiwr yn ystod fy mlynyddoedd olaf yno.

Fy mhrif ddyletswyddau yn yr ysgol bryd hynny oedd darlithio mewn Cemeg Amaethyddol, Botaneg Amaethyddol, Maeth Anifeiliaid a Thirfesuriaeth Fferm.

Roedd y fferm yn cynnwys parciau a ddefnyddid i gyflenwi gwellt i'r gwartheg. Roedd tir defnyddiol iawn ar bob ochr i'r ffordd oedd yn arwain i Bwllheli ac ar ochr y ffordd oedd yn arwain i fferm Olwen. Tir uwch (y Foel) oedd gweddill y tir oedd yn cynnig porfa arw ac hefyd rhan o Garn Fadryn.

Ffordd draddodiadol Llŷn ac Eifionydd oedd y dull amaethu a ddefnyddid fel arfer – cylchdroi hir. Roedd cnwd neu ddau o geirch a ddilynid gan lysiau gwraidd a thatws ac yn olaf haidd wedi ei ail-hadu â gwair a meillion. Archwilid y tatws yn flynyddol rhag feirws ac fe'u gwerthid fel Tatws Hadyd Cofrestredig.

Ni chynhelid gwaith ymchwil gwreiddiol ar y fferm gan na fu'n fwriad gwneud hynny, ond manteisid ar ganlyniadau terfynol Gorsafoedd Ymchwil yr oedd yr adnoddau ganddynt, a chyflwynwyd mathau newydd arbenigol o weiriau a meillion a ddatblygwyd yn P. B. S. Aberystwyth i'r fferm fel yr oeddent yn ymddangos yn ogystal â grawnfwyd a mathau newydd eraill o gnydau oedd yn addas ar gyfer Sir Gaernarfon.

Roedd yno fuches o Wartheg Duon Cymreig wedi'u cofrestru a'u hardystio yn cael eu godro. Cynhyrchid llaeth ar gyfer y llaethdy ac yno fe hyfforddid y myfyrwyr sut i wneud caws a menyn. Cedwid rhai lloi gwryw a'u gwerthu fel teirw blwydd – gwerthid y gweddill fel gwartheg stôr. Defaid Cymreig oedd y defaid – praidd oedd yn hunangynhwysol, ond prynwyd meheryn South Down ac felly croeswyd rhan o'r praidd er mwyn cynhyrchu ŵyn tew croes ar gyfer y farchnad ddechrau haf. Cedwid moch Cymreig yno i gynhyrchu porc a bacwn. Cynhelid arbrofion gan staff ymchwil milfeddygol o Fangor ar driniaethau llyngyr ac ar ddiffyg mwynau mewn ŵyn. Credaf fod y staff i gyd yn gwneud eu gorau a bod y myfyrwyr yn ymateb i'n hymdrechion.

Dim ond rhan o'n gweithgareddau i hyrwyddo addysg amaethyddol oedd y gwaith ym Madryn.

Trefnid darlithoedd mewn canolfannau ledled y sir ac roedd eu cynnwys yn debyg i'r hyn a gynigid i'r myfyrwyr. Roeddent yn cynnwys rheolaeth a bwydo a dogni bwyd ar gyfer y stoc, yn arbennig cynhyrchu llaeth, magu lloi a chynhyrchu moch a chnydau fferm. Trafodid cynhyrchu dofednod gan y swyddog dofednod, llaeth gan yr hyfforddwr llaethyddiaeth a garddwriaeth gan yr aelod o staff oedd yn gyfrifol am yr adran honno.

Cynhelid tiroedd arddangos gan gynnwys defnydd o wrteithiau, amrywiaethau o ydau a gwreiddlysiau, cymysgedd o hadau a rheoli chwyn mewn canolfannau addas. Cynyddodd y gweithgareddau allanol hyn yn sylweddol yn ystod y rhyfel.

Yn ystod y rhyfel penodwyd y Prifathro yn swyddog gweithredol a minnau yn gynorthwywr iddo. Fy mhrif ddyletswyddau oedd – swyddog peirianyddol, swyddog trin tir rhan amser, ysgrifennydd pwyllgorau lleol Llŷn ac Eifionydd a pharhau â'r ochr amaethyddiaeth addysgol yn y sir. Penodwyd yr hyfforddwr dofednod yn swyddog pla ac ymgymerodd y swyddogion llaeth a garddwriaeth â dyletswyddau ymgynghorol ychwanegol. Golygai'r gweithgareddau ychwanegol fod angen rhagor o staff a llawer mwy o waith trefnu. Penodwyd rhai o gynfyfyrwyr Madryn i swyddi gan gynnwys swyddog tyfu cnydau ac roeddent yn gyfrifol am sicrhau bod ffermwyr yn cydymffurfio â'r cwotâu o gnydau y caniateid iddynt eu tyfu. Roeddent hefyd yn cynorthwyo gyda gweithgareddau eraill fel sicrhau bod rheolau aredig tir yn cael eu cadw o safbwynt cymorthdaliadau a helpu i ddosbarthu a symud y nifer fawr o dractorau ac offer amaethyddol a gyflenwid gan y llywodraeth.

Trefnwyd nifer cynyddol o gynadleddau, sgyrsiau, darlithoedd, arddangosfeydd a theithiau fferm yn ystod y cyfnod hwn. Byddai pwyllgorau lleol a sirol yn cyfarfod yn aml.

Sefydlwyd Clybiau Ffermwyr Ieuainc am y tro cyntaf yn Sir Gaernarfon yn ystod yr Ail Ryfel Byd. Yn dilyn cyfnod byr fel darlithydd cynorthwyol ym Mhrifysgol Aberystwyth penodwyd Megan (fy mhriod) yn Swyddog Ardal y Ffermwyr Ieuainc ym Meirionnydd, Caernarfon a Môn. Ffurfiwyd y clybiau yn y lle cyntaf trwy gydweithrediad â Threfnwyr Ieuenctid Sir Gaernarfon, Mr Goronwy Roberts a Mr Glyn Owen, Pwllheli. Gweithiodd Glyn Owen yn galed iawn i sefydlu clybiau yn Llŷn ac Eifionydd a dilynwyd y rhain gan glybiau yng ngweddill y sir. Sefydlwyd 21 clwb gyda dros 600 o aelodau mewn cyfnod o ddwy neu dair blynedd.

Ffurfiwyd Ffederasiwn Sirol a chytunais i fod yn Ysgrifennydd Mygedol. Roedd y clybiau'n ffodus o gael cefnogaeth rhieni, ysgolfeistri lleol a phobl broffesiynol eraill a gwasanaeth darlithwyr o Goleg Madryn. Buom yng nghyfarfodydd cyntaf y clybiau yn llunio rhestr o reolau ac yn rhoi cyfarwyddiadau manwl ar gadw cofnodion yn ogystal ag ethol swyddogion ac aelodau o bwyllgorau ymgynghorol y clybiau. Ymatebodd yr aelodau yn ardderchog ac yn fuan roeddent yn trefnu eu gweithgareddau a'u cystadlaethau eu hunain gyda'r Rali flynyddol fel uchafbwynt y flwyddyn.

Yr adeg honno bu chwyldro mewn addysg amaethyddol dechnegol. Adeiladai'r myfyrwyr a fu ym Madryn ar yr hyn a ddysgwyd yno trwy gyfarfod o leiaf unwaith yr wythnos yn eu hardaloedd eu hunain. Teimlid ar y pryd fod hyn yn gwireddu breuddwyd y cynghorwyr cynnar a sefydlodd y Farm Institute cyntaf yn 1913.

Cafwyd rhai canlyniadau ardderchog. Yn ystod ei flwyddyn gyntaf enillodd Clwb Ffermwyr Ieuainc Madryn yr ail safle fel y clwb mwyaf effeithiol yn y wlad. Aeth y trefnwyr a minnau gyda chynrychiolwyr o'r clwb i Lundain i dderbyn y wobr. Sicrhawyd llwyddiant arall i'r sir gan aelodau ifanc iawn o Glwb Dyffryn Ogwen am wneud silwair a goblygiadau technegol hynny. Cawsant hwythau fynd i Lundain i dderbyn cwpan.

Cofiaf hyd heddiw frwdfrydedd a balchder y ffermwyr ifanc oedd yn byw o gwmpas Madryn yn eu clwb. Roeddent wedi gweld sawl to o fyfyrwyr yn mynychu cyrsiau ym Madryn ond dyma'r tro cyntaf i'r giatiau gael eu hagor iddynt hwy. Roeddent yn galw am fwy a mwy o ddarlithoedd a gweithgareddau eraill ac yn defnyddio'r labordy o dro i dro. Weithiau byddent yn cyfarfod cymaint â theirgwaith yr wythnos.

Roedd agweddau ysgafnach ar fywyd ym Madryn. Weithiau byddai cosb os byddai'r myfyrwyr wedi bod yn camymddwyn neu chwarae triciau. Y gosb a roddodd Miss Williams y Matron i un o'r myfyrwyr oedd gorfod plicio tatws – nid bod hynny ynddo'i hun yn gosb drom, ond y gosb fwyaf oedd gorfod wynebu ei gyd-fyfyrwyr yn cael hwyl am ei ben. Byddai Mrs Jones y Matron yn gosod y myfyrwyr a rhai o'r staff mewn rhes a rhoi Black Jack iddynt fel meddyginiaeth ar gyfer annwyd. Defod arall oedd cymysgu'r pwdin Nadolig pan fyddai Mrs Jones yn cadw un llygad ar y myfyriwr i sicrhau nad oedd yn twyllo ond yn troi'r gymysgfa o waelod y bowlen a'r llygad arall ar y cloc i wneud yn siwr bod pawb yn troi am bum munud.

Ceid rhai atebion doniol ar y papurau arholiad. Gofynnai un cwestiwn am nodi dau ddull o ddarganfod 'specific gravity' llefrith. Disgrifiodd y myfyriwr y ddwy ffordd sef y dull gravimetric a'r dull cyflym trwy ddefnyddio lactometer, dim ond ei fod yn ei alw yn speedometer! Gofynnai cwestiwn arall am ddisgrifiad o'r gadwyn a ddefnyddid mewn tirfesuriaeth. Fe'i disgrifiwyd yn gywir, ond roedd y myfyriwr am ychwanegu y gellid gwirio'r gadwyn yn fanwl yn rhywle (sef gyda'r Bwrdd Masnach yn Llundain). Gan na allai gofio ble, bodlonodd ar ddweud ei fod yn sicr nad oedd unman i'w gwirio yng Nghricieth, Pwllheli, Caernarfon na Bangor. Ni fu i'r myfyrwyr golli marciau!

Yn fy meddyliau am Madryn, y golygfeydd gwledig tawel a ddaw yn ôl i mi fynychaf megis Richard Griffiths a Thomas Thomas yn cario'r llaeth o'r beudy i'r llaethdy yn y dull traddodiadol a'r iau ar eu gwarrau.

Er bod cymaint o newid wedi bod mewn amaethyddiaeth er 1933 a'i bod yn ymddangos nad yw llawer o'r gwaith a wnaem ym Madryn bellach yn berthnasol deuai Megan a minnau i'r casgliad wrth drafod hyn fod peth gwerth parhaol i'n hymdrechion. Deuai pobl ifanc ynghyd i fyw ac astudio gyda'i gilydd a thrwy hynny sefydlu cyfeillgarwch parhaol. Rydym yn gweld heddiw bod gan ffermwyr ifanc sydd wedi mynychu sefydliadau a cholegau amaethyddol a Chlybiau Ffermwyr Ieuainc fwy o hunanhyder a'u bod wedi cael eu hyfforddi i feddwl drostynt eu hunain fel eu bod yn medru astudio a deall gwybodaeth a newidiadau technegol fel y maent yn datblygu. Credwn mai dyma brif ffrwyth ein llafur a'n hymdrechion ni ac aelodau eraill o'r staff.

Cyn gorffen hoffwn dalu teyrnged i'r Prifathro Isaac Jones. Ei gyfrifoldeb ef yn bennaf oedd rhedeg y fferm a gwnâi hynny yn ogystal ag arwain y gwaith addysgu a threfnu'r gwaith ar lefel sirol yn effeithiol dros ben o 1922 hyd at ei ymddeoliad. Gallai fod yn llym pan fyddai angen, ond roedd hefyd yn garedig ac ystyriol, a rhoddodd bob cefnogaeth i mi yn fy swydd gyntaf. Roedd yn garedig, yn driw ac yn gefnogol i'r staff i gyd, ac roedd ar ei orau gyda'r myfyrwyr, 'y plant' chwedl yntau. Coffa da amdano.

Er bod y blynyddau wedi mynd heibio erbyn hyn, mae gennyf hefyd atgofion hoff am yr holl staff yn ystod fy nghyfnod ym Madryn. Enillodd llawer o'r cynfyfyrwyr gymwysterau academaidd disglair ac aethant ymlaen i swyddi cyfrifol, ond rwyf hefyd yn edmygu'r rhai a ddewisodd aros gartref ar y tir ac a ddaeth yn ffermwyr effeithiol a llwyddiannus iawn.

Evan Davies
Hafan Deg, Llanbedr Pont Steffan

Fy Amser
ym Madryn

Treuliais ddau dymor Gaeaf a Haf fel efrydydd ym Madryn yn 1933–34 a 1934–35. Er nad oedd Madryn yn bell iawn roedd y tro cyntaf i mi ymadael â'm cartref ac roedd arnaf gryn dipyn o hiraeth yn y dechrau, ond roedd pethau'n gwella fel yr âi'r amser ymlaen. Credaf fod gadael cartref yn bwysig iawn i bob person ifanc er mwyn dysgu cyd-fyw â'n gilydd a bod yn annibynnol. Ar ôl ymadael â Madryn bûm yn gweithio gartref ar y fferm. Teimlaf yn wir ddiolchgar am yr addysg a dderbyniais, bu'n gymorth mawr i mi trwy gydol fy ngyrfa.

Gwneud menyn yr oeddem gyda'r llefrith yn nhymor y Gaeaf, a chawsom ein trwytho'n llwyr yn y grefft gan ein hathrawes Miss Mair Jones bryd hynny – bu hyn o fudd mawr i mi gartref. Yn nhymor yr Haf roedd gwneud caws ar y rhaglen, a diddorol iawn oedd y grefft.

Roedd y rhan fwyaf o'r disgyblion wedi arfer godro (bryd hynny â llaw). Teimlwn fod y fuches Dairy Shorthorns gartref yn rhagori ar y Welsh Blacks fel cynhyrchwyr llaeth. Cofiaf gwestiwn Professor White yn yr arholiad ddiwedd y tymor, 'What breed of cows would you choose for your milking herd if you had a farm of your own?' Atebais innau, 'Shorthorns.' Yntau'n dweud â gwên, 'Why! Have the Welsh Blacks kicked you a lot?'

Dofednod – mwynheais y pwnc yma'n fawr, a bu'n gymorth i mi allu cadw dofednod mewn ffordd broffidiol. Dysgwyd ni i ladd iâr, peth na fyddwn byth wedi'i wneud pe bawn heb fy ngorfodi. Pluo a thrin – gwaith buddiol a defnyddiol ar hyd fy oes.

Cofiaf un neu ddau o droeon trwstan. Roedd yn rhaid cymryd ein tro am wythnos i danio'r foelar i gynhyrchu dŵr poeth i'r Dairy. Taniais y foelar, agorais y tap i'w llenwi a mynd i nôl brecwast heb gofio dim am gau'r tap. Pan ddychwelais roedd dŵr ym mhobman a'r tân wedi diffodd, doedd dim dŵr poeth i wneud caws y diwrnod hwnnw ac felly roedd rhaid separatio'r llefrith. Gadawyd fi yn y Dairy i droi'r separator fy hunan fel cosb am fy mlerwch.

Roeddem ar ddyletswydd yn yr ardd un diwrnod a Mr Roberts ('So Forth') yn rhoi dyletswyddau i'r efrydwyr. Roeddwn i yn un o bedair i gael hel mafon, gwaith wrth fy modd. Mae'n amlwg i Mr Roberts weld golwg o foddhad a gwên ar fy wyneb ac amau y byddwn yn bwyta mwy nag a heliwn, felly newidiodd ei feddwl ac er fy mawr siomiant bu'n rhaid i mi fynd i chwynnu.

Rwyf yn falch iawn fod pynciau fel coginio, gwaith tŷ a gwaith llaw wedi dod yn rhan o gwrs Coleg Amaethyddol erbyn hyn, rwy'n siwr fod pob merch yn elwa o'r pynciau pwysig yma.

Bûm i yn ffodus gan i mi gael cefnogaeth a chydweithrediad gan fy nhad a'm mam i weithredu llawer o bethau a ddysgais ym Madryn. Mae tuedd ynom ni fel oedolion i ddiystyru cyfnewidiadau a theimlaf y byddai'n syniad da i ddarlithwyr roi awgrymiadau ac apêl i rieni roi lle i'w plant fanteisio ar yr addysg a dderbyniasant pan ddychwelant adref ar y fferm.

Jessie Hughes (McKinnon gynt)
Yoke House, Pwllheli
(Plastirion, Llanrug gynt)

Manteision
ym Madryn

Er mai cael fy ngorfodi gartref wnes i i fynd i Ysgol
Madryn gwn erbyn heddiw y bu o fantais i mi trwy
gydol fy mywyd. Un ar bymtheg oed oeddwn pan
euthum yno yn 1934–35 a'r fantais gyntaf oedd y
profiad o fyw oddi cartref.

Bûm yno dymor haf a thymor gaeaf. Merched fyddai
mwyafrif yr efrydwyr yn nhymor yr haf a bechgyn
fyddai'r mwyafrif yn nhymor y gaeaf – rhywle tuag
ugain o efrydwyr y tymor.

Nid oedd yn fy mwriad i fynd ymlaen yn academaidd
ond yn unig gael hyfforddant cyn aros gartre ar y fferm.
Dyna hanes llawer o'r efrydwyr – fel rhyw fath o
'finishing school' – ond wrth gwrs gallai'r goreuon yn yr
arholiadau ennill ysgoloriaeth i fynd ymlaen i'r
Brifysgol neu goleg pellach a chael swyddi pwysig.

Gan na fûm i ond mewn ysgol elfennol yn unig, daeth Cemeg a llawer o dermau mewn pynciau eraill hefyd o fantais fawr iawn i mi pan ymgymerais â gyrfa arall yn ystod yr Ail Ryfel Byd.

Gresyn yn fy marn i na fyddem ni'r merched yn cael hyfforddiant mewn gwyddor tŷ yno hefyd. Credaf y byddai o fudd mawr.

Roeddem yn gwneud gwaith ymarferol yno – yn ogystal â chael darlithoedd mewn tua deg o bynciau.

Cofiaf yn dda am 'Miss Jones y Dairy' yn mynd â fi i weld y llaethdy pan gyrhaeddais yno – a minnau'n dotio at y tapiau dŵr poeth mor hwylus. Ychydig feddyliwn y byddwn innau yn fy nhro yn gorfod cynnau tân dan rhyw hen foiler fawr mewn cwt cysylltiedig â'r llaethdy yn y bore bach, ac ymorol hefyd bod y tân ynghynn trwy'r dydd. Wnaeth o ddim drwg i mi wrth gwrs.

Byddem yn godro ddwywaith y dydd ac yn separatio'r llaeth, corddi a gwneud menyn a bod yn gyfrifol am rai o'r cytiau ieir fel y byddai'r rhestr dyletswyddau'n galw. Ond os byddem yn ddigon cyfeillgar â'r bechgyn gwnâi rhywun ohonynt y 'Poultry duty' yn ein lle yn y bore a chaem ni'r merched aros ychydig yn hwy yn y gwely.

Roedd yno ddisgyblaeth ddigon llym, ond caem lawer o hwyl diniwed serch hynny, ac roedd yno 'common room' yn cynnwys bwrdd biliards a phiano.

'Briw i'm bron' yw cofio bod yr hen adeilad – y castell (fel y'i gelwid) hanesyddol gwych – wedi llosgi i'r llawr ac nad yw mwyach yn ddim amgen na maes carafannau.

Dienw

Coleg Madryn
1935-36

Yng ngaeaf 1935 roedd deuddeg o fechgyn a thair merch ym Madryn, y bechgyn yn aros yn y coleg a ninnau'r merched yn gorfod llwybro i lawr i'r 'Wyddgrug' i gysgu. Cofio boreau oer, gwlyb a'r llwybr yn llithrig ac yn amlwg iawn i'r tywydd, ond roedd rhaid bod yn y beudy i odro erbyn 7.30. Roedd yno tua 12–15 o wartheg i'w godro efo llaw, dan ofal Thomas Thomas, yntau yn cario'r llefrith mewn pwcedi mawr ac iau ar ei ysgwyddau i'r llaethdy – tipyn o bellter – a'i 'separatio' yno tra byddem ni ar ein brecwast. Does gen i ddim llawer o gof am y bwyd ar wahân i hen laru ar fwtrin pŷs a Canary Pudding, a chasáu 'caper sauce' am byth.

Cofio mwynhau bod ar ddyletswydd efo'r ieir. Roedd yn esgus i bicio allan amryw o weithiau i ollwng yr iâr o'i 'thrap' a nodi'r wy. Manteisio ar y cyfle i roi'r ieir i gysgu yn un rhes, wedi rhoi eu pennau dan eu hadenydd a'u hysgwyd am ychydig. Dechrau hypnoteiddio o bosibl!

Mwynhau hefyd dysgu trin menyn a gwneud caws. Noe a chwpan denau a ddefnyddid adref, ond yma roedd 'butter worker' a 'Scotch hands', a llawer mwy o waith sgwrio yn y fargen. Yn Abergele yr oedd y Sioe Frenhinol Amaethyddol yn haf 1936, a ninnau'n cystadlu ar gorddi a gwneud menyn. Tywydd tanbaid a'r dorf yn gwylio yn gwneud i ni deimlo'n boethach. Anffawd i un o'r merched – anghofio bachu'r corddwr cyn codi'r caead, a dyna lanast mawr – y menyn meddal yn sgrialu dan draed pawb nes ei gwneud bron yn amhosibl sefyll yno. Dim gwobr i neb!

Erbyn haf 1936 daeth pedair merch arall atom. Darlithoedd ar wahanol bynciau bob dydd a'r darlithwyr oedd y Prifathro Isaac Jones, Mr Evan Davies, Mr Gwilym Roberts, Miss Jones a Mr John Roberts, a deuai'r milfeddyg o Bwllheli unwaith yr wythnos. Eto nid oes gennyf ddim cof am wneud dim ymarferol hyd y ffarm. Un peth rwyf yn dueddol i ddal i'w wneud byth yw 'cadw cyfrifon' ar ôl dysgu gyda Mr I. Jones.

Edith Evans (Parry gynt)
Felin Isaf, Botwnnog

Y Cyfnod yr oeddwn ym Madryn
Gaeaf 1936-37

Gallaf ddweud yn ddibetrus i'r Cwrs Amaethyddol a gefais yng Ngholeg Madryn fod yn eithriadol o fuddiol i mi. Yn wir, gallaf ddweud bod yr hyfforddiant a gefais ym Madryn yn dal i fod yn fuddiol er bod pethau wedi datblygu cymaint ers yr amser hwnnw.

Ar ôl dweud hyn, siomedig oedd y fferm yr adeg honno fel patrwm o ffermio y byddwn yn ei ddisgwyl mewn Fferm Coleg. Roedd y gwartheg godro er enghraifft yn cynhyrchu yn waelach na beth oeddwn wedi ei weld gartref. Roedd y cynnyrch ŷd o safon isel iawn ond, i fod yn deg, efallai ei fod yn dymor drwg i le fel Madryn a llawer o goed yn ei gwneud yn anodd sychu'r cnwd. Roedd y cnwd glas sef tatws, swêds, cêl a mangels o safon bur uchel ac roedd y tatws yn eithriadol o dda ac yn well na dim oeddwn wedi ei weld, roedd yna wahanol fathau yn cael eu harbrofi ac roedd hyn yn un o'r pethau oedd yn fuddiol iawn ac yn beth fyddem yn ei ddisgwyl mewn Coleg Amaethyddol.

Roedd yr ochr ysgrifenedig ar y llaw arall yn fy marn i yn eithriadol o dda. Roeddwn wedi rhoi fy mryd ar ffermio, ac mae'r addysg a gefais ym Madryn – er enghraifft ar y mwynau oedd yn debygol o fod yn ddiffygiol mewn pridd a'r mathau gorau o welltglas i'w tyfu – wedi bod o fudd amhrisiadwy i mi. Roedd rhain (er fy mod wedi cael Cemeg a Bioleg yn Ysgol Sir Penygroes) yn bethau na wyddwn ddim o gwbl amdanynt.

Roedd yna ardd a pherllan reit dda yn fy nghartref (Tŷ Mawr Pontllyfni) ac arferai fy rhieni gael dyn profiadol i mewn i drin yr ardd a'r coed afalau, y coed cyraints ac yn y blaen. Pan ddaeth gwyliau Nadolig 1936 cofiaf yn dda fy mod wrth fy modd yn profi fy medr yn tocio'r coed afalau. Byddwn yn dweud bod yr ochr ymarferol arddwriaethol o safon uchel, ac o safon llawer uwch na'r fferm. Roedd adran y dofednod o safon bur uchel hefyd, fel yr oedd datblygiadau yr adeg honno. Roedd gan Mr Evan Davies labordy eithaf da hefyd, da iawn mae'n debyg yn ôl yr arian oedd ar gael yr adeg honno, a byddwn yn dweud yr un peth am y llaethdy – pur dda mae'n siwr gyda'r adnoddau oedd ar gael yr adeg honno. Roedd recordio llefrith yn beth newydd iawn ar y pryd. Peth ardderchog, ac rwyf yn recordio byth er hynny.

Yn ystod y cyfnod yr oeddwn ym Madryn roedd Mrs Isaac Jones yn 'Fatron'. Cadwai ddisgyblaeth lem arnom (rhy llym yn ein tyb ni yr efrydwyr) ond wrth edrych yn ôl fe ddysgodd lawer o bethau da a llesol i ni fel er enghraifft ymddygiad priodol wrth y bwrdd bwyd.

Edrychaf yn ôl ar fy nghwrs ym Madryn fel yr amser hapusaf yn fy mywyd, a doedd yno ddim lle i segurdod. Cofiaf yn dda mai'r wythnos gyntaf oedd yr wythnos waethaf, am y rheswm mae'n debyg ei bod yn cymryd amser i ddod i adnabod fy nghyd-efrydwyr oedd i gyd yn hollol ddieithr i mi cynt. Credaf y byddai hyn yn beth da i staff pob coleg i'w gadw mewn cof – sef ei bod yn dipyn o 'ordeal' i fechgyn a genethod ieuanc fod oddi cartref am y tro cyntaf.

Edrychid ymlaen yn eiddgar am ymweliad y milfeddyg Mr Roberts, Yoke House. (Rhyfedd meddwl fy mod yn byw yn ei hen gartref.) Yn bendant iawn bu ei ddarlithoedd o fudd mawr i mi. Yr arferiad bob amser fyddai rhoi darlith i ni yn yr ystafell ddarlithio, a gorffennai honno gyda'r frawddeg, 'We'll go down to the yard.' Mae ei lais i'w glywed yn glir yn fy meddwl o hyd.

Rhaid i mi gael adrodd yr hanes yma amdano – roedd wedi mynd â ni i weld rhyw ddyniewaid, ac roedd yr efrydwyr i gyd yn cynnwys y genethod yn sefyll mewn cylch o gwmpas y dyniewaid. Gofynnodd i ni roi amcan faint oedd oed y dyniewaid, cwestiwn da, a chofiaf na roddodd neb ateb cywir iawn. Roedd pawb ohonom yn berffaith dawel – ar hyn dyma un o'r dyniewaid benyw yn pasio dŵr bron ar ben ei draed. Roedd hyn yn ormod i un o'r efrydwyr o Abererch ac yn sydyn chwarddodd dros y lle ar ôl dal arni am gymaint ag a fedrai. Dyma Mr Roberts yn dweud wrtho heb wên ar ei wyneb, 'Beth ar y ddaear sydd arnoch fachgen, welsoch chwi erioed anifail yn pasio dŵr?'

Cofiaf yn dda ein bod yn hoff iawn o Mr Evan Davies, y darlithydd ar Amaethyddiaeth. Cadwai ddisgyblaeth dda arnom ac eto roedd rhyw agosatrwydd yn ein denu i weithio iddo.

Yn gyffredinol gallaf ddweud bod Mr Isaac Jones yn brifathro da iawn ond efallai nad oedd cystal ffermwr ag ydoedd o brifathro.

Doedd yna ddim llawer o amser i chwaraeon ym Madryn. Yn fy nyddiau ieuanc roeddwn yn fy nghyfrif fy hun yn dipyn o bêl-droediwr a chefais y fraint o fod yn gapten tîm pêl-droed Madryn yn erbyn Ysgol Sir Botwnnog. Mae'n ddrwg gennyf ddweud mai cweir iawn gawsom 1–4 yn Botwnnog a tua 2–0 adref. Cofiaf yn dda ein bod yn gorfod torri'r pyst gôl mewn rhyw goed yng ngwaelod 'park' Madryn – roedd hyn eto yn beth da i ni. Cofiaf yn dda hefyd i mi ofyn i Mr Evan Davies a fyddai mor garedig â bod yn ddyfarnwr i ni yn y gêm gartref a chytunodd ar unwaith. Cawsom wneud yn hollol fel y mynnem – dim sôn am 'fouls' na chamsefyll. Yr unig adeg y chwibanodd y 'Ref' ei bib oedd ar ddechrau a diwedd yr hanner cyntaf a dechrau a diwedd yr ail hanner.

Cofiaf amgylchiad arall yn glir iawn. Roedd rhyw glwy ar gribau'r ieir (ni chofiaf enw'r clwy) a'r feddyginiaeth iddo oedd dipio pennau'r ieir a'r ceiliogod clwyfedig mewn *potassium permanganate*. Roeddwn wedi cael y gwaith pwysig o dipio pennau'r ieir mewn dysgl a ddelid gan Mr Gwilym Roberts, darlithydd ar ddofednod yn ystod y cyfnod hwnnw. Roedd Mr Roberts wedi rhoi arian mawr am dri ceiliog Rhode Island Red ac roedd y clwy ar un o'r rhain. Penderfynais innau fod rhaid rhoi sylw arbennig i hwn a deliais ei ben yn y *potassium permanganate* rhyw ychydig yn hirach er mwyn bod yn siŵr, yn fy meddwl i, ei fod yn cael meddyginiaeth drylwyr – ond er braw i mi pan dynnais ei ben o'r *potassium permanganate* doedd dim bywyd o gwbl ynddo. 'Rydych wedi ei ladd,' meddai Mr Roberts, a bu bron i mi â llewygu. Ond mae diwedd reit hapus i'r amgylchiad – fe ddechreuodd yr hen geiliog ysgwyd ei adenydd yn wyrthiol a daeth ato'i hun er mawr ryddhad i ni'n dau.

Cof hefyd i un o'r efrydwyr ganfod un o'r cathod yn farw. Roedd rhaid cael cynhebrwng teilwng i'r hen gath, ac ar ôl agor bedd daeth bron pawb o'r efrydwyr i rhyw dipyn o godiad tir oedd tu ôl i'r llaethdy a chanu 'O fryniau Caersalem ceir gweled' ar lan bedd yr hen gath. Daeth Mr Gwilym Roberts heibio o rywle, ac fe fethodd beidio â thorri allan i chwerthin am ein pennau.

Roedd yna ddisgyblaeth bur dda ar yr efrydwyr ym Madryn yn 1936. Er mwyn rhoi tipyn o 'ddannedd' i hyn gosodid dirwy ar droseddwyr oedd yn torri'r deddfau.

Ar ôl gorffen y 'private study' un noswaith, daeth i feddwl y rhan fwyaf ohonom y byddem yn cael rhyw dipyn o ganu, ond wrth i ni wneud hyn roedd Mr Gwilym Roberts oedd ar ddyletswydd o'r farn ein bod yn gwneud llawer gormod o dwrw ac fe ddaeth i'r ystafell ddarlithio a rhoi rhybudd i ni fod rhaid i'r canu orffen ar unwaith, a bu distawrwydd am efallai ddeng munud, ond roedd y demtasiwn yn ormod ac fe ailddechreuodd y 'côr'. Toc daeth Mr Roberts i'r drws eilwaith, a dyma ei eiriau, 'Chwe cheiniog o "fine" i chwi i gyd a swllt i chwi Hughes am arwain.' Mae'n amlwg ei fod yn meddwl mai fi oedd y 'ringleader'. Bu'n hwyl garw wedyn am ddyddiau a'r efrydwyr eraill yn fy nghyfarch gyda'r geiriau, 'Swllt i chwi am arwain Hughes.'

Roedd yn demtasiwn fawr i mi pan oeddwn ym Madryn i lithro i lawr y 'banister' yn lle defnyddio'r grisiau. Fe wnes hyn ddegau o weithiau er ei fod yn beryglus iawn a chefais fy nal unwaith neu ddwy a'm rhybuddio i beidio. Er i mi fod o fewn trwch blewyn i hyrddio drosodd ar fy mhen roedd y demtasiwn yn ormod a pharheais i wneud y peth peryglus yma tra bûm ym Madryn.

Y peth rhyfedd ynglŷn â hyn yw fod fy nghefnder o'r un enw â mi (mab Coed Cae Du) yn efrydydd ym Madryn tua 12 mlynedd ar fy ôl a chafodd ddamwain bur ddrwg yno a thorri ei fraich dde. Achos y ddamwain oedd llithro ar hyd y 'banister' a hyrddio i'r gwaelod.

E. D. Hughes
Yoke House, Pwllheli
(Tŷ Mawr, Pontllyfni gynt)

Gosod Seiliau

Dechreuais fy ngyrfa ym Madryn yn un o bedair o enethod yn ymuno â chwrs gaeaf 1936–37 ac yna cario ymlaen i gwrs haf 1937. Yn nhymor y gaeaf bechgyn a gysgai yn y Castell a'r merched yn lletya yn yr Wyddgrug gyda Mrs Hines a'i merch Elizabeth, ond yn yr haf merched yn y Castell a bechgyn yn yr Wyddgrug.

O edrych yn ôl, credaf fod disgyblaeth arbennig o dda yn cael ei hymarfer yno, yn enwedig yn ystod pryd bwyd. Pwy âi i'r ystafell fwyta mewn welingtons neu esgidiau hoelion? Na, byddai'n rhaid gwisgo slipers. Yno hefyd y dysgodd llawer ohonom y modd i ymddwyn yn briodol wrth y bwrdd bwyd. Bryd hynny ymddangosai'r ddisgyblaeth yn eithafol, ond mae dyled llawer ohonom yn fawr i Mr a Mrs Isaac Jones a'r staff am ein gwarchod a'n dysgu.

Amaethyddiaeth a'i destunau perthnasol oedd pwnc tymor y gaeaf, a chynhyrchu a chynhyrchion llaeth yn bwnc tymor yr haf. Wedi dilyn y ddau gwrs bûm yn ffodus o gael cyfle i ddilyn cwrs pellach i ehangu fy astudiaethau mewn amaethyddiaeth gyda phwyslais arbennig ar laeth yn y Brifysgol yn Aberystwyth. Byddaf yn falch ac yn ddiolchgar i mi gael y fraint a'r cyfle o fod ym Madryn gan i ffrwyth yr addysg yno ddod i'r amlwg yn fuan yn ymarferol ac mewn theori yn Aberystwyth. Teimlwn yn gyfarwydd â gwaith y flwyddyn gyntaf yn y pynciau a ddysgais yno fel amaethyddiaeth, cemeg amaethyddol a llaeth, llysieueg amaethyddol, iechydaeth a maeth bwyd anifeiliaid, ffermio a chynhyrchu llaeth a chadw cyfrifon.

Wedi cyfnod yn labordy cwmni United Dairies yn Wiltshire, ymgymerais â'r un math o waith yn Hufenfa De Arfon cyn ymuno â'r Weinyddiaeth Amaeth. Am ychydig flynyddoedd o 1946 ymlaen bûm yn cynorthwyo ym Madryn a rhoi darlithoedd i'r myfyrwyr yn ogystal â pheth gwaith ymarferol ar laeth, gwaith a roddodd bleser mawr i mi. Cofiwn bob amser am y cymorth a fu'r cwrs ym Madryn i mi wrth gychwyn oddi cartref ac ar fy ngyrfa, ac mae gennyf lawer o atgofion hyfryd am y lle.

E. Lloyd Williams
Plas Llecheiddior, Garndolbenmaen

112

Blwyddyn
Fanteisiol

Rhyfeddod mwyaf fy mywyd i oedd fel y gwnaeth un penderfyniad, a hwnnw braidd yn ddamweiniol, newid fy holl agwedd o fyw a'm dyfodol. Ym mis Medi 1936, ar ôl llwyddo yn yr arholiadau ym mis Mehefin, euthum yn ôl i Ysgol Sir Porthmadog i ddechrau ar gwrs dwy flynedd gan anelu at yr 'Higher' yn 1938. Yn ystod yr wythnos gyntaf yn y Port cafodd fy nhad air gydag Isaac Jones Madryn a J.O. Roberts (Hufenfa'r Ffôr) a phenderfynwyd y byddai'n beth doeth i mi ddilyn cwrs amaethyddol ym Madryn. Ni chefais ond ychydig o ddiwrnodau i hel fy mhethau a mynd fel myfyriwr i'r Castell.

Rwyf yn cofio'r pnawn Gwener olaf ym Mhorthmadog pan gyhoeddodd yr athro i'r dosbarth ar ddiwedd awr o Ffiseg fod 'Roberts' yn gadael yr ysgol i fynd i Madryn 'i ddysgu sut i chwalu tail'.

Ymhen wythnos arall roeddwn wedi gadael cartref am y tro cyntaf ac wedi ymgartrefu yng Nghastell Madryn.

Wrth edrych yn ôl, roedd y flwyddyn ym Madryn yn fanteisiol iawn i mi. Gwnaeth i mi sefyll ar fy nhraed fy hun am y tro cyntaf yn fy mywyd ac hefyd i ddysgu cyd-fyw â'r myfyrwyr eraill.

Y broblem fwyaf a wynebai feibion a merched fferm oedd nid sut i wneud ('Practice') ond paham ('Theory'). Roedd cwrs amaethyddol Madryn yn fuddiol iawn i'r pwrpas hwn. Roedd y cwrs gaeaf yn ddigon eang i blesio myfyriwr a fwriadai fynd adref i ffermio ac hefyd y myfyriwr a fyddai'n mynd ymlaen i astudio ymhellach mewn coleg.

Roedd cwrs yr haf yn arbenigo ar gynhyrchu llaeth ond bu hwn hefyd yn fuddiol iawn i mi ar gyfer y dyfodol.

I mi roedd cwrs Madryn yn werthfawr iawn i'm darparu ar gyfer y cwrs gradd B.Sc. a ddilynais yn Aberystwyth o 1937–1941. Yn wir cefais amser gweddol hawdd yn agweddau amaethyddol y cwrs gradd gan fod y rhan fwyaf o'r pynciau wedi cael eu trafod ym Madryn.

Rwyf yn weddol siŵr hefyd fod ehangder y cwrs ym Madryn yn rhoi cyfle i efrydwr ddewis pa agwedd o amaethyddiaeth a hoffai. Fe benderfynais i cyn gadael Madryn mai'r elfen Fotaneg oedd yn mynd â'm bryd ac fe raddiais mewn Botaneg Amaethyddol ymhen pedair blynedd.

Er na wneuthum ddefnydd pellach o rai o'r pynciau yr ymdrinid â hwy ym Madryn megis Cadw Ieir, roedd yr astudiaeth yn ddigon diddorol, ac yn wir un o'r digwyddiadau mwyaf doniol oedd pan oedd hanner dwsin ohonom yn pluo twrcis cyn y Nadolig. Roeddem am y cyntaf i orffen a phan dynnais y bluen ddiwethaf fe roddais y twrci ar y bwrdd – ond yn anffodus fe gododd y twrci ar ei draed yn ddi-blu a rhoddodd gân fach i ni. Cefais lond ceg gan 'Wil Iâr' gan nad oedd y twrci wedi ei ladd yn briodol.

Ar ddiwedd fy mlwyddyn ym Madryn enillais ysgoloriaeth o £30 y flwyddyn am bedair blynedd i ddilyn cwrs gradd yn Aberystwyth. Pan gyrhaeddais y dref yma ar lan y môr buan y deuthum i wybod bod y rhan fwyaf o'r myfyrwyr eraill yn cael llawer mwy o grantiau, yn enwedig y rhai a ddeuai o siroedd diwydiannol y De. Roedd fy nghyd-fyfyriwr yn yr un llety â mi yn cael £350 y flwyddyn.

Humphrey H. Roberts
8 Brynglas Road, Llanbadarn Fawr, Aberystwyth
(Plas Hen, Chwilog gynt)

Amser Gwerthfawr
ym Madryn

Er mai tri mis oedd y cwrs, treuliais amser bendigedig ym Madryn ac ni fynnwn fod wedi ei golli. Roedd yn rhy fyr o lawer; pan oeddwn yn dechrau dod i gael blas ar lawer o'r pynciau roedd yn amser i ddod oddi yno. Byddai un tymor wedyn wedi bod o werth i mi, ond dyna hanes popeth da – ychydig sydd i'w gael ohono.

Coffadwriaeth gyda pharchus ofn yw'r un sydd gennyf i i'r diweddar Brifathro Isaac Jones a'i briod Mrs Jones oedd yno fel Matron, nid oedd modd cael eu gwell i le o'r fath. Roedd ar bawb ofn gwneud fawr ddim o'i le gan y byddai llygaid Mrs Jones yn ein gwylio ym mhobman, hyd yn oed wrth y bwrdd bwyd. Byddai'n rhaid bwyta'n dawel a rhoi popeth yn ei le yn daclus ar ôl gorffen. Ni wn i a yw yr un parch i'w gael mewn llefydd o'r math heddiw. Miss Llewelyn fyddwn yn cael fy ngalw bob amser, nid Rachel, ac wrth edrych yn ôl rwy'n gweld yr urddas yn hynny – ambell beth bach fel yna oedd yn codi'r Coleg i safon uwch yn fy marn i.

Bûm yn hynod lwcus o gwmni cysgu yn yr un ystafell â mi, geneth o Ro-Wen, Conwy, ac roeddem yn ffrindiau mawr. Roedd pump neu chwech o'r genethod eraill yn gorfod rhannu gyda'i gilydd mewn un ystafell fawr, a choeliwch fi byddai yno le weithiau – hyd yn oed ynghanol y nos byddai rhai ym mhennau'i gilydd yn cweryla, ond fe allodd Nans a minnau gadw allan o'r twrw gan ein bod yn ddigon pell oddi wrthynt. Credaf ein bod ni'n cysgu yn y talcen ochr Dinas o'r Castell.

Mae'r grisiau yn aros yn dda yn fy nghof gan i mi dorri un rheol ac i hynny fod yn boen i mi am amser byr. Roeddwn wedi mynd adref un noson a hynny heb ganiatâd. Roedd fy nhad wedi cael damwain ac wedi torri ei goes; daeth ton o hiraeth a bu raid i mi fynd i'w weld. Methais gyrraedd yn ôl erbyn deg o'r gloch, a phwy oedd yn fy nghyfarfod ar y grisiau ond Mrs Jones. Wnaeth hi ddim ond gofyn i mi ble roeddwn wedi bod, torri i grio wnes i beth bynnag a dweud beth oedd y rheswm i mi fynd adref a bod yn hwyr yn cyrraedd yn ôl, a thrwy hynny cefais bardwn gan Mrs Jones a llawer mwy o sylw. Byddai'n holi o hyd sut oedd fy nhad yn dod ymlaen, fel petai hi'n poeni ei bod wedi fy mrifo,

117

ond tynnu sylw ataf fy hun yn siŵr oedd y crio er mwyn cael pardwn.

Rwy'n credu mai pymtheg o efrydwyr oedd yno yr un tymor â mi – rwy'n dilyn hynt a helynt rhai ohonynt ac yn gwybod lle maent yn byw. Mae un eneth yn byw yn Ynys Môn, ac ni wnaf byth ei hanghofio. Mae'n sefyll allan fel arwres i mi, fe fentrai wneud unrhyw beth o'r bron, a daeth allan yn ddiogel o bob ysgarmes heb i neb wybod mai hi oedd yn gwneud yr holl gampau. Mae dwy o'r genethod yn wragedd ffermydd fel fi, a beth gwell allem fod wedi ei gael na chael ein cychwyn ar ben y ffordd yng Ngholeg Amaethyddol Madryn i gael ein dysgu i fod yn wladgarwyr da fel ein cyndadau o'n blaenau, ac i barchu a gwarchod bywyd cefn gwlad, a nawr rwy'n cael mwynhad mawr o weld David y mab yn gwneud yr un peth ar ôl bod yng Ngholeg Amaethyddol Glynllifon. Mawr ddyled sydd gennym am i'r to ifanc gael yr un cyfle.

Rachel Llewelyn Davies
Fron Oleu, Tremadog
(Trefgraig Plas gynt)

Cwrs Coleg
Madryn 1937-38

Pedair o ferched a deg o fechgyn oedd yn dilyn cwrs y
gaeaf. Saeson o Gonwy oedd dau o'r bechgyn. Roedd
yno bump o athrawon a Mrs Isaac Jones, priod y
Prifathro, yn gofalu fel Matron am y Castell. Yr adeg
honno roedd hi a'r Prifathro'n byw mewn rhan o'r
Castell, gyda drws yn cysylltu â'r swyddfa.

Roedd y Prifathro Isaac Jones yn gymeriad nodedig,
yn hynod o addas i'r gwaith. Roedd ganddo lais ac acen
arbennig iawn. Fe soniai amdano'i hun wedi colli ei
ffordd ac yn ei gael ei hun ym muarth ffarm yn
nhrymder y nos, a ffarmwr dall yn rhoi ei ben allan o'r
ffenestr ac yn gofyn, 'Y chi sydd yna Mr Isaac Jones?'

Gallai ei lais a'i acen hudolus wneud pwnc fel 'Book-
keeping' yn ddifyr – darlith bore Sadwrn oedd honno

119

os cofiaf yn iawn. Ef hefyd fyddai'n rhoi darlithoedd ar Amaethyddiaeth. Wrth feddwl am roi atgofion ar bapur, fe ddaeth y wers ar fesur arwynebedd y tir i'm cof; prin fy mod wedi meddwl am y testun am bron i hanner canrif, ond mae'n aros yno.

Rwy'n parhau i 'nabod y gweiriau a'r chwyn y deuthum i'w hadnabod yng nghwrs Botaneg Mr Evan Davies. Ei bwnc arall ef oedd Cemeg.

Ychydig o hwyl a gefais ar arholiadau 'Cadw Gwenyn' a 'Garddio', ac eto rwy'n hoff iawn o arddio – neu 'dyfu' fel y dywedodd rhywun amdanaf, gan nad wyf yn chwynnu. Does gen i fawr o gof cael mynd i'r ardd i wneud gwaith ymarferol – efallai bod yna reswm da am hynny! Mr John Roberts ('So Forth' am ei fod yn ailadrodd y geiriau lawer gwaith mewn darlith) oedd yn gofalu am yr ardd, ac roedd ef yn byw ym Mhwllheli.

Mr Gwilym Roberts ('Wil yr Iâr') oedd yn gofalu am yr ieir, mae'n siwr mai ifanc iawn oedd o yr amser hynny, a chofiaf un ddarlith ddiddorol ganddo ar groesi ceiliogod ac ieir i gael cywion oedd yn rhwydd i'w dosbarthu'n wryw a benyw yn ddiwrnod oed. Fe'n dysgodd i baratoi cywion ieir i'w gwerthu a'u coginio, sydd yn dal i fod yn gymeradwy heddiw, ac eithrio mai papur newydd oedd yn cael ei ddefnyddio at y gwaith yr adeg honno.

Fe gaem ddysgu gwneud menyn yn y gaeaf, ac yn yr

haf cynhwysid caws yn ein rhaglen – fe wneid caws Caerffili a chaws Caer. At gadw ieir a gwaith y llaethdy bwletinau *Poultry Keeping, Diseases of Poultry, Butter, Cheese* a *Cheesemaking* oedd ein llawlyfrau. Ar gyfer amaethyddiaeth *Magu a Phorthi Anifeiliaid* a'r *Tir a'i Gynnyrch* oedd ein llawlyfrau.

Deuai'r milfeddyg neu ei fab o Bwllheli i roi darlith i ni un bore yr wythnos ar glefydau anifeiliaid. Soniodd unwaith fel yr aeth i ffarm a chael pêl yng nghongl ceg un fuwch a'i thynnu oddi yno yn sydyn, a'i tharo yn ei boced rhag i'r ffarmwr deimlo'n ffŵl.

Yn yr Wyddgrug, cartref gweddw'r cyn brif arddwr a'i merch, yr arhosai'r genethod – roedd yn ymyl yr ardd tua dau gae oddi wrth y Castell. Roedd yno ddwy ystafell wely ac ystafell eistedd, a desg i ni weithio. Ymlwybrem dros y caeau nos a bore i gael y dosbarthiadau, gwneud gwaith ymarferol ar y fferm ac yn y llaethdy, a bwyta yn y Castell. Roedd y bwyd yn dda, a'r un peth ar yr un diwrnod bob wythnos – byddai cig dafad wedi'i ferwi gyda saws 'caper' neu saws persli ar ddydd Gwener, a byddai cig eidion wedi'i ferwi efo moron ar ddiwrnod arall. Byddai'r pwdin llefrith yn hynod o dda hefyd, wedi'i wneud efo llaeth sgim, ond wedi rhoi siwet ynddo i ychwanegu'r braster.

Yr unig dro i ni weithio yn yr ardd, fe gasglwyd digon o fafon i wneud pwdin siwet. Ia, pwdin siwet efo mafon! Roedd yn wirioneddol dda – roeddwn wedi meddwl ei wneud ar ôl hynny, ond heb wneud eto.

Roedd siop ar y ffordd i Dinas, a chyn cyrraedd y siop roedd gweithdy saer. Galwasom yno un diwrnod ac fe gawsom ganiatâd i fynd am dro yng nghar newydd y saer. Er mawr syndod iddo, dyma'r genod yn mynd efo'r car at Dinas ac yn ôl. Roedd y creadur mewn gwewyr ofnadwy, wedi dod i'r casgliad na welai o mo'r car yn gyfan byth wedyn – ond nid fi oedd yn dreifio, roedd gan un o'r genethod drwydded!

Aem i gapel Dinas weithiau, dro arall i'r Greigwen, ond ar Sul braf ym mis Mehefin fe aethom i wasanaeth yn Eglwys Llanfihangel Bachellaeth.

Teithiem ar fws Cae Lloi i Bwllheli ar ddydd Mercher a'r Sadwrn; cerddem i Nefyn, ac fe gerddasom i ddiwrnod agored cyntaf yr Ysgol Fomio ym Mhenyberth.

Roeddwn eisiau mynd i gartref un o'r genethod yn Abersoch, felly rhannu beic, un yn beicio am dipyn, gadael y beic ar y clawdd a cherdded, y llall yn cymryd y beic am sbel a gadael y beic ar y clawdd. Pobl dda yn byw ym Mhen Llŷn yr adeg honno.

Blwyddyn ddifyr a hapus.

Ellen Owen (Evans gynt)
Bronnydd, Llanfaglan, Caernarfon

Madryn
– Tymor yr Haf 1939

Cyfnod addysgiadol hapusaf fy mywyd oedd y tri mis y
bûm yng Ngholeg Madryn. Roeddwn wedi rhoi fy
mryd ar fynd i'r môr, ond stori arall yw honno.

Roeddwn yn meddwl bod fy nhad yn cellwair pan
ddywedodd fy mod i fynd i Madryn dydd Llun a bod
bwriad i mi fynd i amaethu rywdro yn y dyfodol.
Anhygoel! Yn wir, chlywais i erioed am y lle cynt.

Tymor yr haf 1939 oedd hi. Os cofiaf yn iawn roedd
chwech o fechgyn rhwng 15 a 30 oed a saith neu wyth
o enethod. Arferai'r rhan fwyaf o'r efrydwyr gysgu yn y
Coleg ac eraill yn yr Wyddgrug gyda John a'i briod.

Oherwydd fy mod yn ddiweddar yn cyrraedd, a dim
ond lle i bump o'r hogiau, bu'n rhaid i mi gysgu fy hun
mewn 'dormitory' fawr am yr wythnos gyntaf nes

iddynt drefnu lle i mi yn yr Wyddgrug. Mrs Isaac Jones, priod y Prifathro, yn rhoi ei phen rownd y drws bob nos i fodloni ei hun fy mod yn byhafio, a saith neu wyth o enethod glandeg heb fod ymhell iawn oddi wrthyf!

Codi i odro bob bore, bob yn ail wythnos â bwydo'r ieir. I un nad oedd erioed wedi godro â llaw o'r blaen, roedd y dasg yn anodd ar y dechrau.

Separatio'r llefrith, i gael yr hufen ar gyfer gwneud menyn, o dan ofal Miss Jones, athrawes y Dairy, neu gadw'r llefrith ar gyfer gwneud caws.

Mr Evan Davies oedd y darlithydd ar 'Dairy Chemistry' a hefyd ynglŷn â'r tir, gŵr tawel a charedig.

Mr William Roberts (Wil Iâr fel roeddem yn ei adnabod) oedd yr arbenigwr ar ddulliau cadw ieir.

Mr John Roberts oedd yn rhoi gwersi ar arddio. Roedd yr ardd i lawr yn yr Wyddgrug a John y pen-garddwr yn cadw llygad gofalus arnom.

Cawsom ddarlithoedd diddorol iawn ar 'Dairy Farming' a hefyd 'Book Keeping' gan y Prifathro Isaac Jones. Roedd ganddo ffordd ddiddorol iawn o roi ei neges drosodd ac roedd felly yn hawdd ei ddeall. Anghofia i byth mohono yn dweud, 'A load of hay in June is always worth two in July.' Pwnc pwysig a ddysgais oedd cadw cyfrifon, mae wedi bod o fudd amhrisiadwy i mi hyd heddiw.

Gŵr cymeradwy iawn oedd Evan Williams yr Hwsmon ac hefyd John (Tŷ Fwg gynt) y Certmon.

Roeddwn wrth fy modd yn mynd ato i garthu'r stabal ambell fore.

Cofiaf yn dda y Prifathro yn cyflwyno gŵr dieithr i ni un prynhawn sef Mr Elias Jones, Swyddog Da Byw y Sir. Disgwyliwn gael sgwrs ar wartheg a defaid, ond O'r fath siom! Meddai, 'I am going to give you a lecture on "Good Manners".' Beth oedd ar ei ben dywedwch?

Wrth edrych yn ôl, peth od oedd bod y darlithwyr i gyd yn Gymry pybyr ond bod y darlithoedd a'r trafod i gyd yn Saesneg.

Mae fy nyled yn fawr i Goleg Madryn; dysgais lawer yno, ond credaf y byddwn wedi gwneud yn well petawn wedi cael blwyddyn o brofiad ar fferm cyn mynd yno. Cysuro fy hun wnes i, cyfartaledd o 68 o farciau.

Roeddwn wedi bwriadu mynd yn ôl am dymor y gaeaf ond torrodd Rhyfel 1939–45 allan. Daeth cyrsiau Madryn i ben dros dro, y darlithwyr yn troi yn gynghorwyr i ffermwyr Llŷn ac Eifionydd a'r Coleg yn ganolfan i ferched y tir – y Women's Land Army.

William Jones
Cae Glas, Edern
(Burrden, Pwllheli gynt)

Atgofion
o Goleg Madryn

Yn nyddiau cynnar yr Ail Ryfel Byd – yn wir i'r cwrs diwethaf cyn i'r coleg gael ei gymryd drosodd i roi hyfforddiant i Ferched y Fyddin Dir – mi es i, merch wedi'i magu yn nhref Pwllheli ac wedi mynychu dim ond ysgolion bonedd, i Goleg Madryn.

Wel dyna agoriad llygad – pawb arall yn gwybod popeth am ffermio, yn fy meddwl i, a minnau'n hollol dwp.

Wrth geisio pontio'r blynyddoedd sydd wedi bod ynghlwm wrth fywyd cefn gwlad a'r diwydiant amaethyddol, mae nifer o brofiadau ac atgofion yn dod i'r meddwl.

Parch mawr i'r Pennaeth Mr Isaac Jones; cof annwyl am Mr Evan Davies, gŵr gwybodus a hawddgar, a Mrs

Evan Davies (Miss Megan Jones), y bartneriaeth a wnaeth gymaint i osod sylfaen gadarn i Fudiad y Ffermwyr Ieuainc yn hen siroedd Caernarfon a Meirion.

Yn yr hen gastell a fu'n gartref i ni yn ystod f'arhosiad yn y coleg, cofiaf yn arbennig am y brif fynedfa, y stafell gyffredin gyda'i lle tân mawreddog a'r stafelloedd cysgu – dim yn or-foethus a dweud y lleiaf! Serch hynny, roedd gan yr hen adeilad rywbeth arbennig i'w gynnig. Y 'Tudor Lodge' yn dwyn i gof resi o welingtons a dillad glaw, a'r Dairy uchaf lle bûm yn ymladd hefo'r fuddai 'end-over-end' a bron chwythu'r lle i fyny fwy nag unwaith, canlyniad anghofio pwyso'r 'valve' i ollwng yr aer allan o'r fuddai.

Cofio dod dan yr ordd gan Evan Williams am roi gwair dan y lloi yn lle gwellt.

Cofio landio yn y coed rhododendron bron bob bore wrth fynd â'r tryc i lawr o'r dairy i'r iard hefo llestri godro, methu gweld ond yn ormod o gawres i gyfaddef y ffaith.

Cofio dagrau yn dod i'm llygaid wrth roi tro ar gorn gwddf y ceiliog cyntaf i mi ei ladd erioed dan hyfforddiant Mr Gwilym Roberts, o barchus gof – Wil yr Iâr i gannoedd o fyfyrwyr.

Cofio'r braw gafodd Johnnie, Tŷ Fwg, pan ddaru corn yr arad fy hitio dan fy ngên yn ystod gwers ar aredig, a minnau yn mesur fy hyd ar y gwys.

127

Cofio'r parc a cherdded i lawr i'r ardd – cofio'r gwersi ar grafftio a thocio'r coed ffrwythau.

Cofio mynd i'r dref a'r bws dan ei sang; cofio hefyd am groeso pobl Dinas a'r cylch.

Cofio cael galwad i swyddfa'r Pennaeth. Roeddwn wedi gwneud cais i fynd i Goleg Aberystwyth i astudio ar gyfer N.D.D., a Mr Isaac Jones yn fy nghynghori i ymuno â'r Fyddin Dir gan y byddai'n ofynnol i mi gael profiad ymarferol cyn mynd i'r Coleg. Cofiaf ei eiriau'n dda, 'Mae'n amhosib i'r rhyfel bara'n hir, a bydd y profiad yn werthfawr.'

Mi fu'r profiad yn werthfawr – ond mi ddaru'r rhyfel bara yn hirach na phroffwydoliaeth y Pennaeth.

Mae fy nyled yn fawr i'r hen Goleg, chwith yw meddwl am ei ddiwedd diurddas.

Rhian Owen (Griffith gynt)
Cilgwyn, Efailnewydd, Pwllheli

Gweithio yn Adran y Dofednod

Ni fûm yn fyfyriwr ym Madryn ond roeddwn yn gyfrifol am redeg yr adran dofednod yno cyn ac ar ôl yr Ail Ryfel Byd. Yn ystod blynyddoedd cyntaf y rhyfel roedd cael bwyd i'r stoc yn broblem a bu rhaid i ni wneud peth o'r bwyd ein hunain. Yr unig beth y gallem ei wneud oedd berwi tatws a'u cymysgu gyda'r blawd a oedd ar gael.

Tua 1941 ni chaniatawyd i fwy o fyfyrwyr ddod i Madryn a daeth aelodau o'r Fyddin Dir yno yn eu lle. Daeth y criw cyntaf o ardal Lerpwl ac rwy'n cofio eu bod yn gwisgo sodlau uchel pan gyraeddasant Madryn, pethau anaddas iawn wrth gwrs. Nid oedd ganddynt fawr o syniad am faterion y wlad, ond cawsom lawer o hwyl yn eu dysgu. Rhennid y mis rhwng materion fferm, llaethdy, dofednod a'r ardd. Dros amser roedd mwy o enethod o siroedd Caernarfon, Môn a Meirionnydd yn dod i Madryn a llai o'r ardaloedd Saesneg.

Cofiaf un digwyddiad arbennig yn ystod y cyfnod hwn, sef cyfnod lle roedd cig yn brin. Gofynnodd y Matron i mi gael pedair cwningen erbyn y diwrnod wedyn iddi hi. Gosodais ddau ddwsin o drapiau ond erbyn y bore roedd rhywun wedi eu dwyn. Doedd dim cig i'w gael y diwrnod hwnnw ac roedd y Matron a'r Prifathro yn eitha dig. Ar ôl gwneud ymholiadau darganfuwyd mai un o'r gweithwyr oedd wedi cuddio'r trapiau.

Yn fuan wedyn ymaelodais â'r Llu Awyr, ac ar ôl i mi ddychwelyd wedi'r rhyfel i'm hen swydd roedd y myfyrwyr yn ailddechrau ym Madryn.

Owen Parry Jones

Madryn
1942-1946

Fe'm penodwyd yn Hyfforddwr Garddwriaeth cynorthwyol yn y 'Madryn Castle Farm School' ym mis Hydref 1942. Roedd fy nyletswyddau'n cynnwys darlithio ar bynciau garddwriaethol, Botaneg a Chemeg. Yn ystod fy nghyfnod ym Madryn bûm yn gwasanaethu fel 'house master' o 1945–46 ac fel dirprwy i'r Pennaeth yn ôl y galw.

Roedd y prif bwyslais yn ystod blynyddoedd y rhyfel ar gynhyrchu bwyd. Ni dderbyniwyd myfyrwyr amser llawn rhwng 1940 a 1944. Roedd y staff bryd hynny wedi eu trosglwyddo naill ai yn rhannol neu yn gyfan gwbl i weithio i'r Pwyllgor Amaeth Ymgynghorol a sefydlwyd yn y Sir ar adeg yr Ail Ryfel Byd (y WAEC neu'r 'War Ag') ac yn cyflawni dyletswyddau megis y rhai oedd yn ofynnol dan y gorchmynion trin tir, rheoli plâu a rheoli cynnyrch llaeth.

Yn ystod blynyddoedd cynnar y rhyfel daeth Madryn yn ganolfan swyddogol ar gyfer hyfforddi Byddin Dir y Merched. Derbyniai myfyrwyr newydd o wahanol rannau o'r wlad gyflwyniad byr i holl agweddau gwaith amaethyddol cyn cael eu lleoli ar ffermydd ac mewn gerddi. Parhâi'r hyfforddiant ar y ffermydd ac o dipyn i beth anogwyd y merched i gymryd rhan mewn profion hyfedredd a drefnwyd gan Fyddin Dir y Merched ac a weinyddid gan staff Madryn.

Miss Mair Lloyd oedd yn hyfforddi llaethyddiaeth o 1943 i 1946. Hi oedd yn gyfrifol am bob agwedd o waith llaeth, gan gynnwys hyfforddi aelodau Byddin Dir y Merched ac yn ddiweddarach hyfforddi myfyrwyr mewn technegau cyfoes gwaith llaethdy.

Ffurfiwyd Pwyllgor Cynnyrch Gardd sirol fel rhan o'r ymgyrch 'Dig for Victory'. Cynrychiolai'r pwyllgor hwnnw ddeiliaid rhandiroedd o bob rhan o'r sir, ac roedd yn gyfrifol am annog gwell safonau o drin y tir. Un enghraifft o hyn oedd cynllun gwobrwyo gerddi a rhandiroedd, ac roeddwn innau'n gyfrifol am drefnu a gweithredu rhaglen feirniadu'r cynllun. Roedd holl staff Madryn yn gyfrifol am feirniadu mewn sioeau cynnyrch bron bob wythnos yn ystod cyfnod yr haf.

Anogai Ffederasiwn Sirol Sefydliad y Merched

grwpiau lleol i gynhyrchu a chadw bwyd, ac fe'u cefnogid gan staff Madryn.

Yn 1943 sefydlwyd Ffederasiwn Sirol y Clybiau Ffermwyr Ieuainc dan arweiniad Miss Megan Jones (Mrs Evan Davies wedi hynny). Sefydlwyd llawer o glybiau yn cynnwys un ym Madryn oedd yn cyfarfod yn wythnosol trwy gydol y flwyddyn. Parhaodd y trefniant hwn nes bu'n rhaid newid lleoliad oherwydd diffyg lle.

Symudodd y clwb i hen adeiladau'r Weinyddiaeth Amddiffyn yn Glanrhyd a chynhaliwyd y gweithgareddau yno am sawl blwyddyn. Cydweithiai staff Madryn â'r gwahanol glybiau gan gymryd rhan amlwg yn y gwaith o drefnu eu ralïau blynyddol a digwyddiadau eraill.

Roedd cyswllt clòs rhwng staff Madryn ac Adran Amaethyddiaeth Coleg Prifysgol Gogledd Cymru, Bangor. Cynhelid arbrofion a threialon yn aml ar y cyd ar ffermydd y cynhyrchwyr. Rhoddid cyhoeddusrwydd i'r canlyniadau perthnasol ymhlith y gymuned amaethyddol trwy gyfrwng cyfarfodydd wedi'u trefnu gan Madryn, y Brifysgol a'r WAEC.

Yn 1944–45 derbyniwyd myfyrwyr llawn amser unwaith yn rhagor i ddilyn y cwrs amaeth cyffredinol ym Madryn. Roedd y cwrs arferol yn cynnwys amaethyddiaeth, cadw dofednod, llaethyddiaeth a garddwriaeth dros gyfnod o 18 wythnos o fis Hydref i fis Mawrth. Roedd tymor yr haf ar gyfer merched, a chanolbwyntiai'r cwrs hwnnw ar laethyddiaeth, garddwriaeth, gwyddor tŷ a chadw gwenyn.

Yn ystod 1944–45 llwyddodd tri myfyriwr i ennill tystysgrif gyffredinol uwch mewn garddwriaeth, arholiad a drefnwyd gan y Gymdeithas Arddwriaethol Frenhinol.

Dilynai mwyafrif y myfyrwyr yrfa mewn amaethyddiaeth wedi iddynt gwblhau eu cyrsiau, ond byddai rhai fodd bynnag yn elwa o gyfnod o addysg bellach ac yn mynd ymlaen i yrfaoedd eraill. Ymunodd un â'r heddlu, aeth un arall i'r byd meddygol ac un arall yn weinidog yr efengyl, a bu iddynt oll lwyddo yn eu gwahanol feysydd.

Roedd y myfyrwyr yn cael ychydig o hwyl o dro i dro. Cofiaf i naw neu ddeg ohonynt orfod aros yn eu gwelyau dan ddos o ffliw a waethygwyd o ganlyniad i sledio ar ddarnau o gadeiriau a desgiau oedd wedi torri. Cynghorodd y meddyg o Nefyn eu bod yn garglo ymhlith meddyginiaethau eraill. Roedd gweld y creaduriaid yn garglo yn yr ystafell ymolchi fawr wrth ymyl ystafell rhif 10 o flaen y drych hir a phob un â'u pennau yn ôl yn olygfa a erys yn y cof am byth, yn enwedig y sŵn a'r cysgodion yn y drych. Gyda llaw, mae'n dda cael dweud eu bod i gyd wedi gwella.

Roedd y dynion oedd ar y staff i gyd yn aelodau o Home Guard Madryn ynghyd â ffermwyr a dynion eraill yr ardal. Roeddem yn gysylltiedig â Home Guard Nefyn ac yn cyfarfod yn rheolaidd bob wythnos, ac yn achlysurol byddem ar alwad ar fyr-rybudd i ymarfer.

Yn 1946 sefydlwyd y Gwasanaeth Ymgynghori Amaethyddol Cenedlaethol (National Agricultural Advisory Service – NAAS). Fe'm penodwyd yn Ymgynghorydd Garddwriaeth ar gyfer Sir Gaernarfon ac yn ddiweddarach Môn hefyd. Penodwyd Miss Mair Lloyd yn Ymgynghorydd Llaethyddiaeth ym Môn, a phriodwyd y ddau ohonom yn 1947.

Ar yr amser hwnnw daeth ymgynghori ac addysgu yn gyfrifoldeb dau sefydliad gwahanol. Cyfrifoldeb y NAAS oedd cynghori ffermwyr a thyfwyr, a daeth addysgu'r pwnc yn gyfrifoldeb yr awdurdodau addysg yn y pen draw. Er gwaetha'r rhaniad hwn roedd cysylltiad agos rhwng y gwasanaethau addysgu ac ymgyngori a fu'n ddi-os o fudd i'r ddwy ochr.

Lawrence Roberts
6 Tynedale Road, Loughborough

135

Atgofion Hapus

Yn nhymor y gaeaf 1944–45 y bûm ym Madryn, yr Ail Ryfel Byd yn cyrraedd ei derfyn bron a minnau yn 16 oed. Roeddwn wedi gorfod gadael Ysgol Ramadeg Tywyn oherwydd salwch fy mam pan oeddwn yn 14 oed, ac anogodd Mair fy chwaer fy rhieni i'm hanfon i Madryn wedi i fy mam wella. Cost y cwrs oedd £36 a chefais grant o £15 gan Bwyllgor Addysg Meirion lle roeddem yn byw bryd hynny. Hoffwn bwysleisio nad oes gennyf amheuaeth o gwbl mai mantais fawr a fu'r cwrs i mi. Ar ôl cael profiad o Ysgol Ramadeg gyda staff a oedd bron i gyd yn Saeson ac yn wrth-amaethyddol, rhai yn wir yn sbeitlyd o ffermio, roedd yn gryn newid i mi ym Madryn, lle roedd staff a oedd i gyd yn gyfeillgar dros ben. Roedd yn gyfnod rhyfel a phroblem fawr i staff y gegin oedd bwydo 28 o fechgyn ar eu prifiant a gofalu am y llyfrau dogni ac ati. Llwyddodd Miss Williams y Matron i wneud hyn yn rhyfeddol.

Roedd staff y fferm hefyd yn garedig dros ben ac Evan Williams yr Hwsmon yn hynod felly. Cofiaf yn dda am yr amser difyr a gawsom efo John Tŷ Fwg a'r tractor, Dic y certmon, John Roberts y porthwr a'r hen John Thomas a fyddai'n gofalu am y peiriant trydan a'r tanau.

Roedd dau Isaac Jones yn ein dysgu ni, ac fel Eic Madryn ac Eic Llysfasi yr adnabyddem y ddau. Roedd Mr Gwilym Roberts yn ein dysgu efo'r ieir ac Wil Iâr oedd ei enw gennym. Roedd Lawrence Roberts yn dysgu Botaneg a garddio i ni ac enwyd Lawrence yn 'Smiler', enw sy'n gweddu i'r dim iddo. Yn ddiweddarach priododd ef a Mair fy chwaer a oedd yn Swyddog Llaeth ym Madryn am flynyddoedd. Mae gennyf feddwl uchel iawn o bawb a oedd yn gysylltiedig â Madryn ar y pryd.

Mantais fawr i mi oedd y cwrs ym Madryn. Roedd yr addysg yn sylfaen dda i adeiladu arni yn ddiweddarach. Roedd gennyf ddiddordeb mewn peiriannau erioed er mai dim ond ychydig o'r rheini oedd ar gael bryd hynny, ac ym Madryn dysgais egwyddorion sylfaenol cynnal a chadw sy'n berthnasol i beiriannau heddiw. Cefais ddysgu hefyd am wartheg a defaid. Bûm yn ddiweddarach yn weithgar gyda'r

Ffermwyr Ieuainc a bûm yn cystadlu llawer iawn mewn barnu stoc ym mhob rhan o'r wlad. Cofiaf hefyd am y fuches o wartheg duon da iawn a oedd ym Madryn bryd hynny er mai buches Charolais sydd yma erbyn hyn, ac rwyf yn Ysgrifennydd Anrhydeddus y Gymdeithas Charolais dros Gymru. Gyda chywilydd y cyfaddefaf mai dim ond oen swci sydd yn tyfu yn yr ardd yma.

Cofiaf am Cae Lloi Motors yn cael bws newydd, testun syndod mawr ar y pryd. Seti pren oedd i'r bws, yr enghraifft gyntaf i mi weld o 'Yorkshire boarding'.

Mae gennyf amryw o gyfeillion o'r cyfnod yma o hyd yn Sir Gaernarfon a phleser mawr yw eu gweld bob amser.

Aneurin R. Lloyd
Esgair Inglis, Llanybydder
(Prysgau Ganol, Llwyngwril gynt)

Dau Gwrs

Bûm yn ddisgybl yng Ngholeg Madryn o 1944 hyd 1945. Yr adeg hynny roedd un tymor i fechgyn o fis Hydref i fis Mawrth, ac un i ferched o fis Mai hyd Gorffennaf. Cefais i a bachgen arall o Lanfairfechan ein derbyn i'r ddau gwrs gan ein bod yn arbenigo mewn dofednod.

Mr Isaac Jones oedd y Prifathro. Y darlithwyr oedd Mr Gwilym Roberts – dofednod, Mr Griffiths – garddwriaeth, a Miss Lloyd – y fuches laeth.

Mewn ystafell gysgu i bump yr oeddwn i, uwchben y drws ffrynt, gyda golygfa odidog i lawr am y gerddi. Rhai enwau rwyf yn eu cofio yw John Griffiths o Lanfairfechan; W. H. Griffiths, Llys; Moses o Bethesda; Emyr Hughes o Benmaenmawr; Stewart Jones o Gricieth (Ifas y Tryc); Nefyn, mab y gweinidog adnabyddus Y Parch Tom Nefyn Williams. Ar

139

benwythnosau ein diddordeb mwyaf oedd cael teithio ar fws Cae Lloi i Bwllheli.

Derbyniais ddwy dystysgrif ym Madryn, y naill ar ddiwedd y tymor cyntaf o fis Hydref i fis Mawrth am lwyddo mewn Amaethyddiaeth, Cemeg a Botaneg Amaethyddol, Llaethyddiaeth, Cadw Dofednod, Cadw Gwenyn, Garddwriaeth, Hylendid Milfeddygol a Chadw Cyfrifon a'r llall ar ddiwedd y tymor o fis Mai i fis Gorffennaf am lwyddo mewn Cadw Dofednod, Garddwriaeth, Cadw Gwenyn a Chadw Cyfrifon.

Yn y flwyddyn 1952 cefais swydd yn adran y dofednod yng Ngholeg Glynllifon, ac roeddwn yn byw yn y 'Fort' ym Mharc Glynllifon. Bûm yn y swydd honno am ddeng mlynedd.

Bertie Pritchard Jones
Llanrug

Yr Hyn a Gofiaf

Cofiaf y diwrnod fel ddoe – 17 Hydref 1945, sef y diwrnod cyntaf o Dymor yr Hydref Coleg Amaethyddol Madryn; wedi'r Nadolig byddai Tymor y Gaeaf hyd 16 Mawrth 1946.

Cyrhaeddais yno yn gynnar y prynhawn. Agorwyd y drws i mi gan ŵr a'i wallt yn dechrau gwynnu – roeddwn wedi ei weld o'r blaen yn rhywle a gwyddwn yn syth mai Isaac Jones y Prifathro ydoedd.

Cyflwynais fy hun, ac wrth i ni ysgwyd llaw fe'm gwnaeth yn gartrefol o'r munud cyntaf.

'Chwi yw'r ail i gyrraedd, mae bachgen o Nefyn sef Gwilym Evans newydd gyrraedd ar ei feic.'

Dywedais ein bod yn ffrindiau ysgol ym Mhwllheli.

'Wel, be' well felly nag i chwi rannu ystafell â'ch gilydd,' a thywysodd fi i ystafell lle roedd Gwilym.

Wedi i bawb ymgynnull yn hwyr y prynhawn roedd 21 o fechgyn a thair o ferched dipyn hŷn na'r bechgyn ac yn aelodau o'r Fyddin Dir.

Y pynciau yr oeddem i'w hastudio yma yn ystod y ddau dymor, gyda gwaith ymarferol nos a bore, oedd:

1. Amaethyddiaeth yn gyffredinol gydag Isaac Jones.
2. Anifeiliaid fferm gydag Isaac Jones.
3. Gwyddoniaeth Amaethyddol gyda Lawrence Roberts.
4. Botaneg gyda Lawrence Roberts.
5. Cadwraeth Ieir ac adar eraill gyda William Roberts (neu Wil yr Iâr fel y câi ei enwi yn ei gefn).
6. Milfeddygaeth Cyffredinol gydag un o filfeddygon Pwllheli.
7. Garddwriaeth gan fwy nag un.
8. Cadw gwenyn – gwers gyda'r nos gan wenynwr lleol.
9. Cyfrifon fferm gydag Isaac Jones.
10. Trin llaeth a'r llaethdy gyda Miss Lloyd.

Ddiwedd y ddau dymor roedd arholiad ysgrifenedig ar bob pwnc.

Safon yr arholiadau i fod yn y dosbarth cyntaf oedd cyfartaledd o 70 o bwyntiau rhwng yr holl bynciau.

Safon yr ail ddosbarth oedd dros 50 o gyfartaledd.

Am rywbeth is na 50 dim ond tystysgrif presenoldeb a geid.

Roedd y sawl â'r cyfartaledd uchaf yn ennill ysgoloriaeth o £60 i fynychu cwrs pellach mewn amaethyddiaeth os yn bosibl yn Adran Amaeth Prifysgol Bangor dan athrawiaeth y Pennaeth ar y pryd sef Yr Athro E. J. Roberts.

Ar fore yr ail ddydd rhannwyd ni yn bedwar criw o chwech, gyda thair partneriaeth o ddau ym mhob criw, a byddai'r bartneriaeth yma yn aros weddill ein harhosiad yn y coleg. Ar gyfer gwaith allan ar y fferm yr oedd angen y grwpiau yma – roedd y maes hwnnw wedi ei rannu'n bedwar gydag wythnos o bob pedair yn gwneud y gwaith canlynol:

1. Godro a thrin llaeth nos a bore.
2. Bwydo, glanhau y cytiau ieir ac edrych ar ôl y tri deorydd yn y ddeorfa.
3. Gwaith amrywiol tymhorol y fferm.
4. Helpu yn yr ardd a'r tai gwydr.

Gan fod tuag acer o datws yn dal heb eu codi, penderfynwyd y byddai pawb yn mynd yn y prynhawn i hel tatws, pawb efo pwced ar gyfer y tatws bras a phwced arall rhwng pawb a'i bartner penodedig ar gyfer y tatws mân, ac Ifan Williams yr hwsmon yn cadw llygad barcud arnom yn dethol y tatws.

Cyfnod yr Ail Ryfel Byd ydoedd a dogni ar fwyd, a byddai hanner pwys o siwgr mewn llestr wrth eisteddle

143

pawb ar y bwrdd, ac mewn dysgl arall 2 owns o fenyn, 2 owns o farjarîn a 3 owns o gaws. Byddai'n rhaid i'r ddogn yma bara am wythnos, a buan iawn y dysgasom ni sut i fedru byw ar y ddogn.

Mrs Williams, gwraig ar fin ymddeol, oedd y metron, gwraig hynod o garedig a ofalai ein bod yn cael llond bol o uwd ac ŵy wedi'i ferwi i frecwast, lobsgows yn aml i ginio a rhyw bwdin, te a bara jam, ac yna swper tua chwech o'r gloch.

Gyda llaw, wyau o'r ddeorfa fyddai'r rhan fwyaf o'r wyau a gaem. Byddai angen i'r sawl fyddai'n gofalu am y ddeorfa ar y trydydd diwrnod ar ôl rhoi'r wyau yn y deorydd roi golau cryf o dan yr wyau, ac os byddai'r ŵy yn glir heb ysmotyn du ynddo nid oedd cyw ynddo ac nid oedd wedi ei ddifetha ar gyfer ei fwyta.

Byddai ein diwrnod yn dechrau gyda chnoc ar y drws neu gloch yn canu am 6.30 y bore. Lawrence Roberts fyddai'n gofalu am hynny y rhan amlaf a disgwylid i ni fod yn ein adran gwaith erbyn 7 y bore. Yn yr hwyr byddai rhaid mynd i glwydo am 9.30, a deuai Lawrence Roberts o amgylch i weld ei bod yn dywyllwch ym mhob ystafell erbyn deg.

Mrs Williams fyddai'n cadw trefn arnom yn y Plas, a dim ond unwaith y gwelais hi wedi colli ei thymer gyda ni. Byddem yn cael mynd i Bwllheli ar nos Fercher a nos Sadwrn ar fws Caelloi, ond roedd yn rhaid gadael Pwllheli i ddod yn ôl ar y bws wyth o'r gloch. Un noson am fod ffilm dda yn y Palladium a Neuadd y Dref penderfynodd y rhan fwyaf ohonom fynd i'r ddwy a dod adref ar y bws ddeg o Bwllheli. I'r seti naw ceiniog y byddem yn mynd i weld y ffilmiau. Roedd Mrs Williams yn y drws yn ein disgwyl ac wedi gwylltio'n gandryll, ac yn bygwth dweud wrth Isaac Jones y bore canlynol. Torrodd i grio yn y diwedd, a ninnau bron hefyd am fod gennym gymaint o feddwl ohoni, a bu i ni addo na châi byth yr helynt hwnnw efo ni wedyn.

Byddem yn gweithio bob bore Sadwrn, ac yn cael gweddill y penwythnos yn rhydd bob yn ail wythnos. Gallai y rhai oedd â'u cartrefi yn ymyl fynd adref i gael dillad glân, ond mynd yn ôl i'r coleg y byddem bob penwythnos yn hytrach nag aros gartref.

Er mai criw o hogiau didoriad oeddem byddem yn mynd i'r capel bob nos Sul. Roedd Ifan Williams yn flaenor yng Nghapel Dinas, a rhoddodd wahoddiad i ni ddod yno y nos Sul gyntaf, ac fe aeth pawb. Wrth gwrs cerddodd pawb yn syth am y seti tu ôl yn y capel. Cyn dechrau'r gwasanaeth cododd Ifan Williams ar ei draed a dweud wrthym am ddod i eistedd yn y seti blaen tu ôl i'r organ, a chwarae teg nid oeddem wedi gwneud dim o'i le. Bob Sul wedyn aethom i Gapel Greigwen, a chawsom groeso tywysogaidd yno, gan nad oeddent wedi gweld criw Madryn yn dod yno cynt, ac ar ben hynny cawsom eistedd yn y seti cefn.

Byddem yn cael pob prynhawn Mercher yn rhydd, a

threfnid tîm i fynd i chwarae pêl-droed yn erbyn Ysgol Botwnnog ac Ysgol Ramadeg Pwllheli unwaith bob tymor.

Un pnawn Mercher cawsom fynd gyda bws Caelloi i fferm Brynodol, Tudweiliog. Os cofiaf yn iawn roedd rhyw gwmni wedi prynu'r fferm – credaf mai enw'r rheolwr oedd Mr Watson. Roedd wedi adeiladu beudy oedd yn anferth yn yr oes honno gydag ugain o wartheg Ayrshire yn cael eu rhwymo y naill ochr, a digon o le i dractor fynd rhyngddynt i garthu'r beudy, ac ar ben hynny roedd yno beiriant godro – y cyntaf i'r rhan fwyaf ei weld. Gadawodd y pnawn hwnnw dipyn o argraff ar rai ohonom a ninnau wedi cael cip ar beth fyddai'r cam nesaf yn y byd ffermio wedi diwedd y rhyfel.

Roedd bwrdd snwcer yn y Plas hefyd a byddai William Roberts (Wil yr Iâr) yn ein herio am gêm pan fyddai yno gyda'r nos. Wrth gwrs roedd yn chwaraewr da, ac yn curo pawb, ond roedd un, sef Gwilym y rhannwn ystafell gydag ef, nad oedd erioed wedi chwarae yn ei erbyn, a gwrthodai gymryd her William bob tro. Ni wyddai William fod Gwilym wedi'i fagu y drws nesaf i glwb snwcer Nefyn. O'r diwedd cytunodd Gwilym i roi gêm iddo, ac nid oedd eisiau gofyn pwy enillodd. Dyna'r tro diwethaf y gwelwyd William yn chwarae snwcer gyda ni.

Os byddai darlithydd yn methu bod yn bresennol byddai Isaac Jones sef cyn-brifathro Coleg

Amaethyddol Llysfasi yn dod i'r adwy gan ei fod wedi ymddeol ac wedi dod i ffermio i ardal Botwnnog. Peth dipyn yn anghyffredin oedd cael dau o'r un enw mewn coleg mor fychan. Byddai wrth ei fodd yn ein herio ar ambell i bwnc ac wrth ei fodd wedyn yn ein gwylltio trwy daeru â ni.

Un tro roedd Isaac Jones yno yn lle Miss Lloyd yn yr adran laeth. Buches o Wartheg Duon Cymreig oedd ym Madryn, ond roedd yno fuwch newydd loio a chroes o fyrgorn ynddi, ac wrth ei bod newydd loio roedd yn godro tua phedwar galwyn oedd yn llawer mwy na'r un fuwch arall oedd yno. Roedd yn hynod o hawdd i'w godro – byddai yn ei godro ei hun wedi iddi gael golchi ei phwrs. Her Isaac Jones oedd y rhoddai hanner coron i unrhyw un a allai odro dau beint o lefrith o fuwch o fewn munud, a gofynnodd i bwy bynnag oedd am roi cynnig arni godi ei law. Codais fy llaw heb sylweddoli nad oedd gennyf 2/6 i'w sbario i dalu i Isaac Jones os methwn ennill.

'Iawn,' meddai Isaac Jones, 'Tyrd i'r beudy erbyn hanner awr wedi pedwar.'

Doedd dim amdani ond mynd i weld John Roberts y porthwr ganol dydd a dweud fy stori wrtho. Doedd John Roberts ddim yn or-hoff o Isaac Jones. Gofyn wnes a fyddai'n cadw'r fuwch a bol gwyn ganddi heb ei godro nes y dôi Isaac Jones a minnau yno.

Wedi i mi olchi pwrs yr hen fuwch roedd yn ei

godro ei hun yn braf, a fûm i fawr o dro yn cael mwy na dau beint yn y bwced. Cefais yr 2/6 a cherddodd Isaac Jones allan heb ddweud dim; hen dric dan din efallai, a phe bawn wedi cael buwch arall i'w godro Isaac Jones fyddai wedi dal ei law.

Roedd adran yr ieir yn un ddiddorol iawn ym Madryn. Roedd tri deorydd yn y ddeorfa – un bach, un canolig ac un mawr – a byddai angen troi'r wyau bob dydd, â llaw yn yr un bach, ond handlen yn gwneud y gwaith yn y ddau ddeorydd arall. Cedwid sawl brid o ieir a chroesid rhai ohonynt, fel ceiliog Rhode Island a ieir Light Sussex pan fyddai lliw'r cywennod yn frowngoch yr un fath â'u tad a'r ceiliogod yn wyn fel eu mam. Byddai eraill yn cael eu bridio'n bur, ac roedd mynd garw ar gywion diwrnod oed bryd hynny gan fod pob fferm yn cadw ieir, a gorsaf graddio wyau yma ac acw yn y wlad.

Prynid hanner cant a mwy o gywion tyrcwns tua mis Gorffennaf – byddai'r rhain yn cael mynd allan wedi iddynt dyfu ychydig ond byddai'n rhaid eu casglu dan do bob nos. Erbyn yr hydref byddent yn tueddu i fynd i glwydo yn y coed o gwmpas y plas; ein gwaith ni fyddai eu cyfrif bob nos a'u cael i ddiddosrwydd y cwt o afael y llwynog.

Cedwid ychydig wyddau hefyd a cheiliogod ieir at y Nadolig, a chawsom wersi sut i bluo a thrin y rhain ddyddiau cyn y Nadolig.

Ni chofiaf i mi wneud fawr o waith gyda'r defaid oddigerth gwneud gwaith ysgrifenedig gyda'r milfeddyg. Gan ein bod yn gadael ganol Mawrth nid oedd llawer o'r defaid ar y Garn wedi wyna.

Ni roddid llawer o sylw i'r moch chwaith a chedwid y rheini yn adeiladau fferm fechan Caeau Gwynion ychydig yn uwch i fyny'r Garn ac yn eiddo i'r Coleg. Er hynny, daeth y Coleg yn enwog erbyn dechrau'r pumdegau am ei foch pedigri Cymreig.

At ei gilydd ystyrid mai cwrs addysg i fechgyn oedd cwrs yr hydref a'r gaeaf a bod cwrs yr haf ar gyfer merched, ond wedi'r rhyfel arhosai amryw o'r bechgyn a fu yn y lluoedd arfog dros dymor yr haf hefyd.

Do, mi ddysgais i yn bersonol lawer yn yr hen Goleg Madryn, ac mae fy niolch i a llawer un arall yn fawr i'r darlithwyr oedd yno ar y pryd am agor ein meddyliau i wynebu'r byd newydd o amaethu oedd ar y trothwy.

Nid addysg yn unig a gefais i ym Madryn. Wedi gaeaf caled 1947 daeth geneth o Sir Fôn yno ar gwrs yr haf, a'r canlyniad oedd i mi gwrdd â'm gwraig. Heb fodolaeth Coleg Madryn go brin y byddai ein llwybrau wedi croesi ei gilydd.

Rhyfedd o fyd onide?

Thomas Rees Roberts
Cartrefle, Llwyn Brith, Cricieth
(Glasfryn Fawr, Pencaenewydd gynt)

Atgof
neu Ddau

Myfyriwr 1947 ym Madryn oeddwn ac yn rhannu ystafell gyda John H. Evans, Rhiwlas a Glyn R. Owen, Llanbedrog. Roedd yn orfodol diffodd y golau erbyn 10 o'r gloch. Un o'r staff oedd y warden yr adeg honno ac fe fyddent yn cysgu i mewn am wythnos yn eu tro. H. R. Williams oedd ar ddyletswydd un noson ac wedi iddo orffen mynd ar ei rownd dyma ni'n rhoi gorchudd dros y lamp ond roedd H. R. (Wil Crop) wedi mynd am dro o gwmpas y Plas ac wedi gweld y golau.

Un noson roedd un o'r hogia wedi anghofio cau'r tyrcwn ac erbyn y bore roedd un wedi colli plu ei gynffon a'r hogia yn ei bryfocio bod Gwilym Roberts (Wil Iâr) wedi bwriadu mynd â'r twrci i'r sioe.

Cofiaf Glaslyn Jones yn cael y gwaith o llnau o dan

glwydi'r ieir hefo rhyw raw fawr ac yn dweud wrthym ni'r hogia mai fo oedd y 'shit conductor' yr wythnos honno.

George H. Williams
Ceiri, Bontnewydd
(Portreuddyn a Dinas Farm gynt)

Madryn 1947

Roeddwn yn fyfyriwr ym Madryn yn 1947 ac yn un o'r criw ifanc yno gan fod llawer yn hŷn wedi bod yn y fyddin. Un annwyl iawn oedd y Prifathro Isaac Jones ond roedd y matron yn stern iawn ac yn ein hel o'i blaen am y capel yn Dinas, ond os oedd cyfle mi fyddem yn mynd i guddio tu ôl i'r coed rhododendron. Roedd yno fachgen o Ddyffryn Nantlle ac fe ysgrifennodd y pennill yma cyn gorffen yno:

Ffarwel i goleg Madryn,
Y staff a'r matron dlos.
Rwy'n mynd i fro Eryri
Lle triga serch fy mun,
Ond hiraeth ddaw i'm calon
Am y coleg yng ngwlad Llŷn.

Ieuan Owen
Hamdden, Pentir, Bangor
(Carfan, Pentir gynt)

Madryn
1947-1948

Coleg yr ail gynnig fu Madryn i mi. Wedi gadael ysgol yn 1943 a threulio pedair blynedd yn gweithio ar fferm cefais y fraint o ddilyn cwrs blwyddyn ym Madryn gan ddechrau yn Hydref 1947. Braint ychwanegol oedd cael y diweddar Isaac Jones yn brifathro gan ei fod yn ymddeol ddiwedd haf 1948.

Bu'r cwrs ym Madryn yn gymorth i mi allu camu ymlaen i ddilyn cwrs Diploma mewn Llaethyddiaeth yng Ngholeg y Brifysgol Aberystwyth a hynny yn ei dro yn arwain at swydd ymgynghorol gyda'r Weinyddiaeth Amaeth. Bu cyfnod yn y chwedegau pan oedd chwe swyddog yn gweithio yn yr Adran Laeth yng Ngwynedd ac allan o'r chwech roedd pump ohonom yn gyn-ddisgyblion o Fadryn gyda chyn-ddisgybl arall

153

yn bennaeth ar Labordy'r Weinyddiaeth yn Mangor.
(Betty Lloyd Williams, Garndolbenmaen; Robert John
Morris, Abersoch; Robert Griffith Jones, Dinas; John
Huw Evans, Rhiwlas; Islwyn Griffith, Rhiwlas a Laura
Jones, Mynytho.)

Diwedd haf 1947 y daeth y cyfle cyntaf i rai a fu'n
weithwyr amaethyddol tros gyfnod y rhyfel adael y tir a
dilyn gorchwyl arall. O ganlyniad roedd cryn
wahaniaeth oedran ymhlith myfyrwyr Madryn y
flwyddyn honno. Y rhai ieuengaf yn dod yno yn syth o'r
ysgol a'r rhai hŷn yn dod oddi ar y tir neu'n dychwelyd
o'r fyddin. Roedd trawsdoriad yng nghefndir y
myfyrwyr hefyd. Rhai yn feibion ffermydd ac yn
bwriadu dychwelyd i weithio gartref ar ddiwedd y
cwrs. Nifer o weision ffermydd yn dod gyda'r gobaith o
gael troed ar yr ysgol a chael fferm eu hunain – llyfr
poblogaidd ar y pryd oedd Farming Ladder gan y
Brodyr Henderson. Roedd eraill heb unrhyw gefndir
amaethyddol o gwbl ond yn dymuno dilyn cwrs a
ddeuai â chyfle i weithio yn yr awyr agored.

Yn anffodus collais gysylltiad ag amryw o'r
myfyrwyr ar ôl gadael Madryn ac heb wybod eu hynt
hyd heddiw ond er hynny yn dyfalu'n aml tybed beth
ddaeth o hwn a hwn neu hon a hon. Tybed a
wireddwyd eu breuddwydion cynnar ai peidio? Ar y
llaw arall, rwy'n ffodus i ddal cysylltiad â rhai sy'n
parhau i fyw'n lleol. Rhai yn ffermwyr llwyddiannus

dros ben ac eraill mewn swyddi y tu allan i fyd amaeth ond eto yr un mor llwyddiannus. Ieuan Wyn Owen yn ffermio yn Glanrhyd, Pentir; George Williams yn Dinas, Llanwnda; Gruffydd Pierce yn Glanrafon, Pontrug; Joe Evans yn Bryn Cul, Tregarth ac Aled Griffith o Benmaenmawr yn ffermio ym Mhowys. Amrywiol iawn fu galwadau eraill, megis Glyn Russell Owen, Llanbedrog yn ohebydd ar bapurau'r Herald ym Mhwllheli a Dick Roberts yn rhedeg busnes gwerthu esgidiau ym Mhorthmadog – mae'n sicr i wersi cadw cyfrifon y prifathro Isaac Jones fod o fudd mawr iddo gyda'r gwaith.

Bechgyn yn unig a ganiateid i fynychu cwrs y gaeaf, y mwyafrif o Arfon, Llŷn a Meirion gyda rhyw bump o Saeson i ychwanegu at y rhif. Wedi'r Pasg merched oedd yn y mwyafrif a rhyw hanner dwsin o fechgyn i gadw cwmni iddynt. Gan fod Madryn yn bur anghysbell y dyddiau hynny – cyfle i fynd i Bwllheli gyda bws Cae Lloi ar brynhawniau Mercher a Sadwrn yn unig – nid oedd ryfedd yn y byd i rai o'r bechgyn gael eu dal yn ystafelloedd y merched! Sylw brathog un o'r athrawon ar y pryd oedd, 'You are behaving as if you had just been released from monastic seclusion.' Bu blas rhyfedd ar y te ar ôl hynny!

Er bod oddeutu deg ar hugain o fyfyrwyr yn cyd-fyw, cydfwyta a chydweithio o dan yr unto am gyfnod o rai wythnosau roedd yr awyrgylch yn un cwbl hapus

– digon o hwyl ac eto heb fynd dros ben llestri. Roedd y bartneriaeth rhwng y myfyrwyr a'r athrawon yn un berffaith hapus hefyd.

Er mai yn Saesneg y cynhelid y gwersi roedd Madryn yn goleg cwbl Gymraeg a Chymreig gyda'r cyfan o'r staff yn Gymry a'r cysylltiad rhwng y coleg a'r ardal yn un cynnes ryfeddol. Roedd ffermwyr Llŷn yn y cyfnod hwnnw yn dibynnu llawer ar Madryn am gyfarwyddyd gyda'u problemau ac nid oes amheuaeth na fu i amaethyddiaeth cylch eang o ogledd Cymru wella'n sylweddol wrth i ferched a meibion ddychwelyd gartref o Fadryn gyda gwybodaeth a syniadau newydd.

Âi nifer o fyfyrwyr i gapel Dinas ar y Sul ond cofiaf i wasanaeth gael ei gynnal yn y coleg ar un nos Sul gyda'r Parchedig John Roberts, Edern yn pregethu a'r myfyrwyr yn gofalu am y rhannau dechreuol.

Amaethyddiaeth oedd prif destun y cwrs ond roedd gwersi mewn gwyddorau eraill hefyd a bu'r rhain yn gyfrwng i mi gymryd diddordeb yn ddiweddarach mewn pynciau megis cadw gwenyn a thrin gardd. Prin nad oes fyfyriwr nad yw yn cofio brawddeg agoriadol John Roberts pan fyddai'n trafod gwenyn, 'Another bee expert might tell you...' Halen y ddaear o ddyn.

Y ddwy orchwyl mwyaf diflas oedd codi'n fore i garthu cytiau'r ieir – gorchwyl pur ddrewllyd cyn brecwast – a chodi i roi tân o dan y boeler a ddefnyddid i gael stêm yn y llaethdy. Pan fyddai'r tân yn gyndyn o afael byddai perygl i frecwast fod trosodd a rhaid fyddai disgwyl hyd ginio heb fwyd. Byddwn yn mwynhau codi i odro fodd bynnag – buches ddu Gymreig o'r radd flaenaf – cyn belled ag y gallwn osgoi godro buwch o'r enw Talysarn, roedd honno y fuwch wytnaf y bûm yn ceisio ei godro â llaw erioed.

Roeddwn wedi treulio pedair blynedd ar y tir cyn mynd i Madryn ac erbyn hynny yn 'gwybod y cwbl'. Yr hyn ddysgais i gyntaf oedd sylweddoli cyn lleied oeddwn i yn ei wybod mewn gwirionedd. Mae un peth yn berffaith bendant, fyddwn i byth dragywydd wedi llwyddo yn fy arholiadau yng Ngholeg Aberystwyth onibai i mi fod yn ddigon ffodus i gael dilyn cwrs ym Madryn yn y lle cyntaf.

John Huw Evans
Tegfryn, Rhiwlas, Bangor
(Gweler hefyd luniau o Goleg Madryn a anfonwyd gan J. H. Evans i Fferm a Thyddyn, Calan Gaeaf 1998 ac a ymddangosodd hefyd yn Y Cymro yn 1948.)

Diolch am Madryn

Fe'm ganed yn 1930 ym Mhenmaenmawr ac er nad oeddwn yn byw ar fferm bu gennyf ddiddordeb erioed mewn anifeiliaid a dechreuais gadw cywion ieir diwrnod oed yn 1941 er mwyn cynhyrchu wyau ar adeg y dogni yn ystod yr Ail Ryfel Byd. Treuliwn y rhan fwyaf o f'amser pan oeddwn yn f'arddegau ar fferm Graiglwyd, Penmaenmawr lle cefais gyfle i weithio gyda gwartheg, ceffylau, defaid a moch. Roeddwn wedi cyfarfod Mr Isaac Jones, Prifathro Coleg Madryn, ac wedi dweud wrtho bod arnaf eisiau bod yn ffermwr, ac felly wedi i mi adael Ysgol Friars, Bangor cefais le yn y Madryn Castle Farm School fel y'i gelwid bryd hynny.

Ym Madryn yn 1947–1948 cwblheais gyrsiau mewn Amaethyddiaeth, Botaneg Amaethyddol, Cemeg

Amaethyddol, Cadw Cyfrifon, Llaethyddiaeth, Peirianneg, Garddwriaeth a Chadw Gwenyn, Da Byw, Dofednod, Tirfesuriaeth a Hylendid Milfeddygol.

Bob bore cyn brecwast gweithiai'r myfyrwyr i gyd mewn rota yn yr holl adrannau. Roedd gennym dîm pêl-droed da. Dyma'r tro cyntaf i'r mwyafrif ohonom fod oddi cartref am gyfnod, a chefais gyfle i wneud ffrindiau da. Cymraeg oedd y brif iaith, nid oedd ond dau na fedrent siarad Cymraeg. Roedd y Prifathro, y staff dysgu a staff y fferm yn bobl academaidd ac ymarferol.

Bûm yn llwyddiannus wrth astudio Dofednod dan gyfarwyddyd Wil Iâr ac fe'm cynghorwyd i astudio Ffermio Dofednod yn Harper Adams a ystyrid fel y prif goleg ar gyfer addysg Dofednod bryd hynny. Fodd bynnag, gan fy mod wedi rhoi fy mryd ar fod yn ffermwr, nid oeddwn yn credu mai mewn dofednod yn unig yr oedd fy nyfodol – gellid dweud nad oeddwn yn llythrennol am roi fy wyau i gyd yn yr un fasged!

Gadewais Goleg Madryn yn wynebu fy nyfodol mewn amaethyddiaeth yn hyderus. Bûm yn gweithio ar ffermydd er mwyn ennill gwahanol brofiadau am dair blynedd cyn ennill ysgoloriaeth i Brifysgol Aberystwyth i astudio Amaethyddiaeth a Llaethyddiaeth gan raddio yn BSc, NDD yn 1953. Mae Olwen fy mhriod a minnau bellach yn ffermio ers dros 60 mlynedd a'n plant wedi ymuno â ni yn y busnes.

Parhaodd fy niddordeb mewn ffermio dofednod a bellach ers dros 40 mlynedd mae ein busnes Oaklands Farm Eggs Ltd yn cynhyrchu wyau ar raddfa eang iawn.

Diolch am byth am Madryn!

John Aled Griffiths
Besford House Farm, Preston Brockhurst, Amwythig
(16 Bell Cottages, Penmaenmawr gynt)

Ysgrifenyddes ym Madryn

Penodwyd fi yn ysgrifenyddes yng Ngholeg Madryn yn y flwyddyn 1949. Pleser a mwynhad fu gweithio yno i mi, rhyw awyrgylch hollol gartrefol, fel y disgwylid yng nghanol gwlad fendigedig Llŷn.

Y Prifathro ar y pryd oedd D. S. Davies a hannai o Sir Gaerfyrddin. Dyn talsyth, prydweddol a diseremonïol iawn ei ymarweddiad a hoffai arolygu gwaith y fferm yn hytrach na gweithio yn y swyddfa. Saesneg a siaradai â mi bob amser a chofiaf i hyn fod yn achos i mi wneud camgymeriad unwaith. Gofynnodd i mi ffonio Mr Jones, Trewen; dyma ei eiriau, 'Tell Jones Trewen that it will be alright for him to collect the sheep today' ('sheep' yw 'sheep' yn unigol a lluosog yn Saesneg wrth gwrs). Roeddwn wedi gweld y bugail,

Griffith Griffiths (neu Griffith ddwywaith fel y gelwid ef gan Davies) yn pasio'r ffenest, a chymerais yn ganiataol mai'r ddafad oedd ganddo ef yr oedd y Prifathro yn cyfeirio ati. Dyma ffonio Jones Trewen a dweud bod y ddafad ar gael, wel sôn am chwerthin wnaeth o – wedi prynu defaid yr oedd y dyn!

Y matron oedd Miss J. Jones, dynes osgeiddig iawn, ac yn credu'n gryf mewn disgyblaeth.

H. R. Williams, E. J. Griffith, Gwilym Roberts ac E. L. Jones oedd yr hyfforddwyr, a phleser fyddai rhannu'r swyddfa efo'r rhain. Cefais gymorth amhrisiadwy ganddynt pan ddechreuais ar fy swydd. Byddwn yn gwneud llawer iawn o waith ysgrifennu iddynt, megis ateb ceisiadau gan sefydliadau allanol fel Sefydliad y Merched ac yn y blaen fyddai'n dymuno eu gwasanaeth i ddarlithio neu feirniadu mewn sioe. Hefyd, amser yr arholiadau, teipio'r cwestiynau y byddent wedi'u gosod yn dasg i'r myfyrwyr.

Yn ddieithriad ar fore Llun deuai Ifan Williams yr hwsmon i'r swyddfa i ddanfon 'Time Sheets' y gweithwyr fferm, er mai yn fisol y telid eu cyflogau yn y dechrau. Fe newidiwyd y drefn yn ddiweddarach, a thelid yn wythnosol iddynt. Cofiaf i mi ofyn i Ifan Williams yn fuan wedi i mi ddechrau'r gwaith pam fod angen i feibion ffermydd ddod i Goleg Madryn. Tybiwn i mai ffermio wrth reddf yr oedd amaethwyr ac nad oedd angen eu dysgu i roi gêr ar geffyl a phethau cyffelyb. Ateb Ifan Williams oedd, 'Mae yna ffordd o wneud, a ffordd o wneud yn iawn.' Buan iawn y gwelais mor wir oedd geiriau'r hwsmon deallus yma.

Pan fyddai amser yn caniatáu byddwn yn cael cipolwg ar y llyfrau oedd yn y llyfrgell ar gyfer y myfyrwyr. Yr un a dynnodd fy sylw fwyaf oedd *Time and Motion on the Farm*. Llyfr hanfodol i fyfyrwyr, gredwn i. Hefyd llawer iawn o bamffledi'r Weinyddiaeth Amaeth er gwybodaeth yn ymwneud ag ymchwil a wneid ganddynt ar bob pwnc amaethyddol gan gynnwys afiechydon anifeiliaid. Roedd holl gyfrolau Cymdeithas y Gwartheg Duon Cymreig yma hefyd, a chofiaf Gwilym Edwards yn dod i edrych arnynt cyn cael ei benodi'n Ysgrifennydd y Gymdeithas.

Adran Trysorydd y Cyngor Sir oedd yn gyfrifol am ochr ariannol y Coleg, a byddent yn dod yn achlysurol i edrych trwy'r llyfrau. Un tro gwelodd yr archwilydd fod E. L. Jones wedi prynu 'sight glasses' (ar gyfer y peiriant godro wrth gwrs). Meddyliodd yn syth fod Mr Jones wedi prynu sbectol iddo'i hun ac yn disgwyl i'r Cyngor Sir dalu amdanynt!

Wedi i mi dreulio yn agos i dair blynedd hapus dros ben ym Madryn dyma'r Cyngor Sir yn eu doethineb yn meddwl mai gwell fyddai 'tynnu yma i lawr a chodi draw' ac felly y bu. Cau Madryn a symud i Lynllifon, yr holl stoc a'r celfi, a'r staff ac eithrio rhyw ychydig.

Roedd yn rhaid symud Madren a'i mab bach Ceidio, y ddelw farmor wen hardd a safai ers blynyddoedd yng nghyntedd y castell. Cafodd y gweithwyr gryn drafferth i symud hon. Mae'n debyg nad oedd hi, mwy na minnau, yn dymuno newid ei lle! Rhaid cyfaddef wrth gwrs bod Madryn wedi mynd yn fregus iawn ac angen ei atgyweirio.

Fy nyletswydd i oedd gofalu bod cynnwys y swyddfa yn barod i'w symud. Chefais i ddim llawer o drafferth gan y byddwn yn ceisio cadw'r cyfryw yn weddol drefnus. Roedd gennyf system ffeilio ar gyfer y gohebiaethau ayb er y cychwyn (tebyg i'r un a ddefnyddir gan y Weinyddiaeth Amaeth) a bu hyn yn fantais fawr i wneud y gwaith, ac yn enwedig pan ddaeth yn amser i symud i Lynllifon.

M. M. Williams
Llwynffynnon, Pistyll, Pwllheli

Tri Mis
ym Madryn

Roeddwn ym Madryn yn 1950. Anodd yw dweud pa mor fuddiol oedd y cwrs i mi gan ei fod mor fyr – dim ond tri mis i ni fel merched yr amser hynny – ond mae'n debyg fod ychydig yn well na dim! Hwyrach i un fel fi oedd yn mynd i weithio i labordy y byddai tipyn mwy o waith o'r ochr honno wedi bod o fwy o fudd i mi na'r amser a dreuliwyd ar wyddor tŷ.

Er fy mod yn teimlo lawer i ddiwrnod pan oeddwn ar y cwrs nad oedd dim gwerth i mi yn llawer o'r testunau, mae'n rhyfedd fel y daeth llawer o'r sylwadau a glywais mewn ambell ddarlith drymllyd i'm cof wedi i mi ddechrau ar fy ngwaith yn yr Hufenfa. Roedd yn rhaid cael ateb parod i amaethwyr ffraeth Llŷn ac Eifionydd pan fyddent ar y ffôn yn holi, 'Pam mae'r

165

llefrith wedi dod yn ôl?' neu 'Pam mae'r braster neu'r
SNF yn isel?' ac yn y blaen. Bu'r wybodaeth a gefais ym
Madryn hefyd o gymorth i mi wrth ateb cwestiynau o
sawl maes mewn cwisiau pan oeddwn yn aelod o Glwb
Amaethwyr Ieuainc.

Ann Jones (Pritchard gynt)
Noddfa, Glanrafon, Bontnewydd
(Cefn Gwreichion, Clynnog Fawr gynt)

Madryn
1950-1951

Roeddwn i'n efrydydd ym Madryn o Fedi 1950 i Fehefin 1951, ac yna gofynnodd y Prifathro D. S. Davies i mi aros ymlaen i weithio ar y ffarm am rhyw ddeufis arall.

Cefais y cwrs yn un buddiol dros ben ac yn gyfuniad da o'r theori a'r ymarferol. Roedd yn gymorth mawr i mi fel un nad oedd wedi'i eni a'i fagu ar ffarm er bod gennyf ddiddordeb mewn amaethyddiaeth er yn blentyn.

Bu'r cwrs hefyd yn sylfaen dda ar gyfer y ddwy flynedd yng ngholeg Aberystwyth yn astudio am y Diploma Cenedlaethol mewn Llaethyddiaeth ac wedyn yn y ddwy swydd sydd wedi bod yn fywoliaeth i mi, yn gyntaf yn Hufenfa Llanrwst am ddwy flynedd ac yn dilyn gyda'r Weinyddiaeth Amaeth – Adran Amaethyddiaeth y Swyddfa Gymreig wedi hynny – yng Nghlwyd a Gwynedd.

Braint a phleser i mi yn ystod y cyfnod o weithio yng Ngwynedd oedd cael dod i ail gysylltiad â'r Coleg yng Nglynllifon ac amryw o'r staff oedd yno o ddyddiau Madryn, a phleser hefyd oedd cael cydweithio o dro i dro gyda Mr E. L. Jones yn yr adran laeth. Hefyd yn ystod y cyfnod yma roeddwn yn sylwi ar waith y Coleg o ochr arall y ffens fel petai ac yn ymwybodol fod safon uchel yr hyfforddi yn cael ei adlewyrchu'n ôl i ffermydd llawer o'r cyn-efrydwyr y bûm yn ymwneud â hwy.

Iorwerth Woodward Hughes
Llys Gwynedd, 10 Rhodfa Clwyd, Llanelwy
(Arlas, Penrhosgarnedd gynt)

Addysg Amaeth

Fel y gwyddys fe sefydlwyd Madryn fel Canolfan Addysg Amaethyddol i arwain ieuenctid y sir ar hyd ffyrdd diweddaraf amaethyddiaeth a cheisir yma olrhain ychydig ar ei hanes yn ystod y deugain mlynedd diwethaf.

Yng nghanol y deugeiniau roedd ar ffurf fferm gymysg gyda thir âr, tir glas, buchod, moch, defaid a cheffylau. Defaid mynydd Cymreig, da byrgorn a moch Cymreig oedd yr anifeiliaid ond bu newid gyda threiglad amser.

Daeth y Da Duon Cymreig, rhai o ardal Castell Martin, ffurf y Deheudir ar y brid, yn fuan iawn, a'r Moch Gwyn Mawr a Landrace i roi amrywiaeth. Â phwysigrwydd llaeth yn cynyddu trowyd at y Du a

Gwyn o'r Friesland a hwy bellach yw mwyafrif helaeth y fuches a'r cynnyrch yn llawer uwch nag a fu.

Ym myd y defaid fe fu peth cynnig ar hyrddod bridiau gwahanol er mai un yn unig a gafodd sylw sylweddol, sef y Border Leicester a gynhyrchodd y defaid hanner brid a fu mor llwyddiannus yn yr ardal. Wrth gwrs, Glynllifon oedd trigfan y rhain yn eu bri. Roedd gofyn bod defaid mynydd ym Madryn am mai ar y ffridd (hanner mynydd) y'u cedwid. O safbwynt addysg cofiwn am achlysur arbennig adeg wyna pan ddaeth oen a roes ond un anadl a dyna fe wedyn yn methu'n llwyr. O'i archwilio fe welwyd nad oedd ei lwnc wedi agor o gwbl ac felly na fedrai anadlu. Gwall cynhenid yn yr hil (hwrdd a dafad y mae'n sicr) oedd hyn ond nid aed ar ôl y peth dim pellach. Byddai gofyn bod wedi cael cryn nifer o ŵyn o'r fath i olrhain patrwm yr hil fethedig.

Gyda chyfeirio at wendidau hiliol fe ddaw i gof hefyd achlysur cyffelyb yn y moch, a hwch wedi ei hieuo â pherthynas tra agos. Ychydig o epil a ddaeth a'r rheini cyn bod yn hen iawn yn gwichel ar draws y lle ac yn ein gadael. Mae'n bur debyg mai rhyw boenau mewnol a ddioddefasant a hynny oherwydd diffyg hiliol. Eto, nid aed ar ôl y peth.

Fe godid cnydau âr swed, ŷd a thato ac yr oedd arwynebedd sylweddol o dato – tua saith erw ar adegau a'r rheini ar gyfer had o safon A, yr hyn y gellid ei wneud ym Madryn er nad yng Nglynllifon yn ddiweddarach am nad oedd yr hin yn addas. Pan godid had o safon yr oedd yn orchwyl chwynnu'r mathau gwahanol rhag eu cymheiriaid a dethol planhigion heintus o'u plith. Yn naturiol hen fathau oedd dan sylw megis Arran Victory (y glas), Kerr's Pink (un am fynd gyda'r dŵr braidd, wrth ei ferwi), Gladstone, Home Guard, Arran Banner (tato moch oedd un barn bendant arno), Majestic. Parheid i arbrofi ar fathau gwahanol fel y deuent i fodolaeth ac unwaith neu ddwy fe neilltuwyd clwt bach o dir i Goleg Bangor i godi ychydig fathau nad oeddent eto ar y farchnad. Deallasom na ddaeth dim o hynny yn y pen draw. O ran y mathau masnach fe ddaeth Dr Mackintosh, Orion ac eraill i sylw. Rhyw liw eirwyn dyfrllyd oedd ar y doctor. Mae'r rhan fwyaf o'r rhai a enwyd wedi eu claddu bellach ac eraill yn eu lle. Bu Majestic yn hir iawn yn y tir ond yn rhoi lle at y diwedd i'r Pentland Crown a Pentland Dell a rhai o dylwyth Maris. Ond erbyn hyn mae'r Goron wedi gadael yr orsedd a rhai mwy llewyrchus (tybed?) arni.

Roedd y dyddiau cynnar hyn yn ddyddiau y cnydau gleision megis cêl a swêds ac erfin, a daeth y mangel i fodolaeth ynghyd â'i chyfnither y 'Fodder Beet' a bu un flwyddyn (yng Nglynllifon) pryd y cafwyd cais gan Sefydliad Llysieueg Amaethyddol Caergrawnt i arbrofi ar eu rhan fathau gwahanol o'r rhain a gwnaed hyn ar

171

rhyw hanner erw o dir. Golygai hyn bwyso'r cnwd (dail a bôn) ddiwedd y tymor ac adrodd yn gyflawn yn ei gylch i Gaergrawnt. Achlysur arall oedd olrhain rhinweddau mathau gwahanol ar gêl, megis y 'Marrow Stem', '1000 Head', 'Curly' a 'Rape Kale'. Aeth y cnydau hyn i gyd oddi ar y tir ers peth amser bellach. Nid oedd rêp o bwys ac ar ambell dro yn unig y cynigiwyd arno.

Haidd a cheirch a pheth siprys (ŷd cymysg) am ei fod, dywedwyd, yn well na'r naill na'r llall ar ei ben ei hun, oedd yr ydau, a phorthwyd y rhain i'r moch a'r gwartheg. Cynaeafwyd â'r rhwymwr a byddai rhaid troi'r ysgubau o dro i'w gilydd ar y cae cyn eu cywain wrth eu codi un ac un i ben y llwyth oedd y tu ôl i'r ceffyl er bod un Fordson bach ar y lle y'i defnyddid ar gyfer manwaith amrywiol. Gyda'r gaeaf fe ddeuai'r dyrnwr teithiol heibio a cheid diwrnod dyrnu traddodiadol. Aeth hwnnw heibio hefyd.

Fe roddwyd cynnig arbrofol un flwyddyn ar fathau o geirch ar fesur sylweddol o dir ac yr oedd yr haf hwnnw yn un o'r mwyaf llewyrchus a gawsom yn y 50au a bu'r cnwd yn dra boddhaol. Ond eto, fel i bob arbrawf, rhywbeth yn ei dro oedd hwnnw.

Ym myd tir glas, gwair oedd y cnwd mawr ar y dechrau a hwnnw yn dod yn ei lwythi rhyddion. Bu peth ymwneud â silwair ym Madryn gan geisio cynnwys ŷd glas yn gnwd ond ni fu hyn yn llwyddiannus oherwydd problemau cywasgu y coesau breision yn drwyadl. Gormod o dwymo wedyn. Pan aed i Glynllifon fe ddaeth silwair yn brif ddull cynaeafu gwellt glas. Unwaith neu ddwy fe roddwyd cynnig ar fyrnu ac er ei drafferth o'i gymharu â'r modd traddodiadol bu'n eithaf llwyddiannus. Fe welwyd cryn newid yn nhreigl y blynyddoedd. Wedi dechrau â'r fforch a chwys fe ddatblygwyd yn raddol fel bod peiriannau yn hollol gyfrifol, bron, am y cywain. Fe gynigiwyd ar ambell atodydd cadw – triog ar y dechrau ac am gyfnod hir – ond am un flwyddyn fe fentrwyd i ddefnyddio metabisulphite ond ni fu'n llwyddiant am na chawsom hyd i fesur iawn ei ddefnydd ac felly gorlwytho ar y cnwd a hyn yn y gaeaf yn wrthun gan yr anifeiliaid. Yn fwy diweddar fe ddaeth asid fformic i fri a hwnnw sydd wedi bod, bellach, yn ôl yr angen.

Nid oedd y gwair heb ei newid ychwaith. Fe gafwyd blas ar y pregethu diweddar am sychu dan do a gosodwyd sychydd bychan yn y 50au ond fe aeth hwnnw bellach i sychu ŷd. Yn ddiweddarach eto fe osodwyd peiriant sychu mawr pwrpasol gan ddefnyddio trydan i dwymo a chwythu'r awyr trwy'r gwair yn y cowlasau. Dull drud yw hwn a rhaid ei weithredu yn dra gofalus er mwyn codi uwchlaw y treuliau, ond gall fod yn llwyddiannus.

Amrywiol fu'r dulliau pori – defaid ar y ffridd yn yr haf a'r da a'r bustych ar y gwaelodion tra ym Madryn – heb ddim trefn arbennig. Wedi mynd i'r Glyn roedd yn

173

oes y terfyn trydan a hwnnw fu yr erfyn pwysig yn y drefn pori i'r buchod. Symudwyd gyda'r terfyn wrth bori'r blewyn cynnar, a phori lloc trwy gydol yr haf a'r wifren fain yn ddigon o ragfur. At ei gilydd fe gafodd y bustych eu maes yn llawn, weithiau yn gymysg â'r defaid – cynllun y'i hystyrir yn iachach na gadael i'r naill a'r llall bori'n weddw. Fe rannwyd un cae yn llociau gweddol fawr, yn bennaf ar gyfer defaid, er y byddai bustych gyda hwy hefyd, a symudwyd yr anifeiliaid o un i arall yn ei dro. Roedd modd yr un pryd bwyso'r anifeiliaid yn gyson a chael gwybod felly sut byddent yn prifio a hefyd safon cynnyrch y borfa.

Fel y bu, fe rannwyd y cae hwn ymhlith cymysgiadau gwahanol o weirydd gan wahaniaethu rhwng Peisgwellt a Rhygwellt, Byswellt a Rhonwellt y Gath. Wrth wneud hyn roedd modd cael rhyw syniad pa mor gynhyrchiol oeddent er nad oedd y lloci yn hollol gyfartal.

Yn ystod y 60au fe wnaed yn debyg â gweirydd unigol wedi eu hau ddarn wrth ddarn mewn cae gwair er mwyn dangos gwahaniaeth tymor a thyfiant. Fe ddefnyddiwyd ar gyfer hyn weirydd gwahanol a mathau o'r un gweiryn.

Yn ystod yr arbrofion hyn oll tueddai'r gweirydd i golli eu rhinweddau arbennig am eu bod yn diflannu ar ôl rhyw bum mlynedd dan ymosodiad y gweirydd cynhenid, gwyllt a ddaeth i mewn, a'r gweirydd byrhoedlog yn dioddef yn gynt na'r rhai mwy parhaol.

Talwyd sylw yn gyson i gyflwr y tir fel y cyfryw gan adnewyddu draeniau a gosod rhai o'r newydd yma ac acw. Un broblem fawr a ddaeth i'n rhan oedd y weirglodd ym Madryn a oedd ar y dechrau namyn gwell na chors, yn y gaeaf yn sicr. O'i harchwilio fe welwyd fel roedd y ffosydd o amgylch wedi eu tagu a chafwyd cymhorthdal er mwyn eu hailagor. Wedi gwneud hyn a chwilio am y mân ddraeniau fe'u cafwyd yn rhwydwaith cynhwysfawr ar draws y cae ac wedi agor ceg yma ac acw nid oedd broblem cael y dŵr i lifo trwyddynt. Bu byd o wahaniaeth ar y cae wedyn. Yn yr haf nid oedd problem, a hyd yn oed yn y gaeaf wedyn bu modd tramwyo yn gyffyrddus er bod darn o'r cae yn fawn.

Ar draul y sychu cyffredinol fe aed ar ôl safon y calch a bu calchu rheolaidd yn ôl canlyniadau dadansoddi'r pridd gan Fangor. Gofalwyd hefyd am y ffosffad, yn aml ar ffurf slag a oedd mor hawdd ei gael y pryd hwnnw, er ar y tir âr 'super' oedd ffynhonnell y ffosffad. Gyda mwy a mwy o bwyslais ar silwair – mwy nag un cnwd yn y flwyddyn, yn aml – fe gododd angen haen o botash yn rheolaidd a gofalwyd am hyn hefyd.

Bu nitrogen yn bwysig iawn ar y tir glas er mwyn cael cnydau priodol o wair a silwair – hyd at 100 uned yr erw yn ôl tymor y tyfiant, a llawer mwy o ddefnydd ohono yn y blynyddoedd diwethaf nag yn y blynyddoedd cynnar. Fe'i rhoid yn y gwanwyn i sicrhau tyfiant ar gyfer troi'r buchod i bori yn Ebrill. Bu peth ymhél â'r syniad o gyfrif y graddau gwres yn nechrau'r flwyddyn nes iddynt gyrraedd cyfanswm o 200, a hwnnw yn nodi'r amser gwrteithio. Ond nid oedd fawr mwy na syniad.

Yn y dechrau bôn braich oedd erfyn difa chwyn ond fe drowyd at y cyffuriau gwahanol fel y daethant i fodolaeth, a bu gofyn defnyddio rhai gwahanol yn unol â'r mathau chwyn. Fe gynigiwyd paraquat ar dato yn syth wedi iddynt ymddangos trwy'r wyneb ond nid oedd yr ymateb ymhlith y goreuon. Fe'i defnyddiwyd hefyd i ddifa tyfiant glas cyn hau cêl yn y dywarchen a bu yn llwyddiannus iawn ar y cynnig cyntaf, er nad cystal wedyn.

Bu cynnig o'r fath gyda cêl âr hefyd, a'r cêl wedi ei hau mewn pridd chwynllyd a chwistrellu wedyn â'r paraquat, ond nid oedd rhyw lwyddiant mawr i'w weld.

Problem chwyn a ymddangosai mewn tir glas oedd tyfiant dail tafol mewn rhai caeau, a rhoddwyd cynnig ar asulam ar eu cyfer. Ond nid syfrdanol y canlyniadau.

H. R. Williams
12 Y Dyffryn, Groeslon, Caernarfon

Cyfnod
y Symud

Dechreuais yn Glynllifon ar 3 Tachwedd 1952 yn un o'r criw cyntaf o fyfyrwyr. Hyd y cwrs oedd Tachwedd i Mehefin. Roedd 12 ohonom yno, pedair o ferched ac wyth bachgen. Y prifathro oedd Mr D. S. Davies a'r matron oedd Rhiannon Hughes. Doedd y plasty ddim hanner parod ac roedd ein hystafell wely ni'r merched ar y llawr uchaf yn edrych ar y fountain ac i fyny'r dingle. Mrs J. M. Williams oedd yr athrawes Gwyddor Tŷ ac fe gawsom ddysgu gwneud jam mefus oedd wedi eu casglu yn yr ardd. Cawsom hefyd ddysgu testio llefrith yn un o'r cytiau yn y fferm. Pan oedd yn amser cneifio roedd rhaid mynd yn ôl i Madryn. Ar ddiwedd y cwrs yn yr haf roedd gweithwyr y fferm yn brysur yn cynaeafu ac fe gefais waith i odro gyda Mr John Roberts y cowmon ac yn ffodus gwaith parhaol wedyn.

Grace Williams (Jones gynt)
Derwen Deg, Clynnogfawr
(Crow's Nest Farm, Conwy gynt)

Mary Evans, Yr Ysgwrn
(Llun trwy ganiatâd
Awdurdod Parc Cenedlaethol Eryri)

Drosodd: Llythyr a anfonodd Mary Evans, Yr Ysgwrn (Anti Mari i
Gerald a Malo) adref at ei theulu o Goleg Madryn. Ganed Mary yn
1889, y trydydd o blant Evan a Mary Evans, a hi fagodd Reg, mab
ieuengaf ei chwaer Ann (ganed 1904). Roedd Ann yn fam i bedwar o
blant: Ellis, Gerald, Malo (sef Marian) a Reg. Roedd Mary yn briod â
phostmon, Bert Bush, ac roedd y ddau yn byw yn Nhŷ'r Ysgol, East
Stratton yn swydd Hampshire. Nid oedd ganddynt blant eraill ar
wahân i Reg ond mae plant Reg (pedwar ohonynt) yn cadw cysylltiad
agos â'r Ysgwrn. Nid oes dyddiad ar y llythyr, ond byddai'n sicr wedi
Awst 1917.
(Diolch i Naomi Jones, Pennaeth Addysg a Chyfathrebu Awdurdod
Parc Cenedlaethol Eryri, am yr wybodaeth uchod. Cyhoeddir y
llythyr trwy ganiatâd Awdurdod Parc Cenedlaethol Eryri.)

179

nos fercher.

Madryn College
Nr. Pwllheli
North Wales.

Anwyl rhieni,

Derbyniais lythyr
oddi wrth Cadi heddiw, gyda diolch
am dano. Mae'n dywydd mawr yma
heddiw y dail yn disgyn fel gwlith
ydwyf yn hoffi y lle hyn yn gampus
ac yn teimlo yr awyr yn llesol
iawn. Mae'r mor i'w weld yn las
am filltiroedd, mae y bobl sydd fforda
hyn yn hynod gartrefol a chroesawgar
Nid wyf yn gwybod i ble y byddaf yn
cael fy nghyru eto ar ol fy nhraenu
yma aros mewn lythyrau eto bydd
fy amser i fynu. Mae arnaf isio ichi
yru pres i mi mae arnaf isio llond
o bethau newydd, ydwyf am dria dyn
adre cyn mynd i ble bynag y bydd hyn

Cofiwch yru dag swllt ith lynaf
achos ydwi ddim wedi cael dim
am fod adre y cynhanaf. Gwan
Does gen i ddim ond ceiniog a dima,
ar fy elw, felly, ms gallaf symud
or lle yma. Mae arnaf hiraeth mawr
yma, yn enwedig ar dydd Sul yn y
capel, pan oeddynt yn canu, ac rwyn
gweld y wyddfa, ar mynyddoedd i
gid o amgylch. Y rhai fyddwn yn eu weld
pan oeddwn yna, mi wyf yn mhell
iawn tu ol iddynt heddiw. Mae
son mawr am Ellis y ffordd, hyn a
phot tro yr edrychaf i gyfeiriad y
wyddfa, mae arnaf hiraeth mawr
am dano ac adre hefyd. Mae yma
tymtheg o ferched yny lle yma a
deuddeg o students yn dywad eto dydd
Gwener, hogia o Gymru, a lloegr,
mae chance i minna wyn credu

mae merch Owen Lloyd Owen
Dolgella yma. mae merch Mr
Jones carnarvon wedi bod yma
yn aros ayr fath a fina am fis
yn dysgu hefo'n gwenyn. Chwi wela
fy mod mewn lle uchel iawn, maent
yn well ffil o weithia na gweini
wel wyf am derfynu gan ddisgwyl
eich bod yn dal yn y storm yma
ne dros beth bynag er mor anawdd
iw. Cofiwch ym presi mi wyf wedi
cael fy nghostum mae yn rit ddel.
Disgwyliaf am ws yn fuan. gan ddis-
gwyl wich bod all yn iach
eofwin Gynes
Mary